V. Blüm J. Casado J. Lehmann E. Mehring

Farbatlas der Histologie der Regenbogenforelle

Begleitheft mit

Einführung in die makroskopische Anatomie
der Regenbogenforelle
Einführung in die Gewebelehre
Färbevorschriften

Herausgegeben von der
Landesanstalt für Fischerei Nordrhein-Westfalen

Springer-Verlag Berlin Heidelberg GmbH

Prof. Dr. Volker Blüm
Ruhr-Universität Bochum, Fakultät für Biologie, Arbeitsgruppe für Vergleichende Endokrinologie
Universitätsstraße 150, 4630 Bochum 1

Juan Casado
Kleiner Markt 2, 5942 Attendorn

Dr. Jens Lehmann
Landesanstalt für Fischerei Nordrhein-Westfalen
5942 Kirchhundem 1, Albaum

Eva Mehring
Ruhr-Universität Bochum, Fakultät für Biologie, Arbeitsgruppe für Vergleichende Endokrinologie
Universitätsstraße 150, 4630 Bochum 1

ISBN 978-3-642-48966-2

CIP-Kurztitelaufnahme der Deutschen Bibliothek

Farbatlas der Histologie der Regenbogenforelle / hrsg. von d. Landesanst. f. Fischerei
Nordrhein-Westfalen. V. Blüm ...

ISBN 978-3-642-48966-2   ISBN 978-3-642-73960-6 (eBook)
DOI 10.1007/978-3-642-73960-6

NE: Blüm, Volker [Mitverf.]; Landesanstalt für Fischerei Nordrhein-Westfalen <Kirchhundem>

Gesamtherstellung: Landesamt für Agrarordnung Nordrhein-Westfalen - Technische Zentralstelle
2131/3140-543210

INHALTS- UND TAFELVERZEICHNIS

Tafeln

TAFEL XXIX: Sinnesorgane; Lateralissystem, Innenohr (Seitenlinienorgan, Neuromastenorgan, Schemazeichnung Innenohr, Crista ampullaris, Macula sacculi).

TAFEL XXX: Sinnesorgane; Auge I (Einführender Text, Schemazeichnung Auge und Retina, Linse. Sclera, Chorioidealdrüse).

TAFEL XXXI: Sinnesorgane; Auge II (Linse, Retina, blinder Fleck, Processus falciformis, Iris).

TAFEL XXXII: Kreislauforgane (Myocard, Bulbus arteriosus, Arterie, Vene).

QUELLENNACHWEIS DER ABBILDUNGEN:

Abb. 2: HIBAYA, T. (ed.): An Atlas of Fish Histology - Normal and Pathological Features. Gustav Fischer - Verlag, Stuttgart, New York 1982.

Abb. 3: KNORR, G. (Bearb.), v. MEYER (Hrsg.): Atlas zur Anatomie und Morphologie der Nutzfische für den praktischen Gebrauch in Wissenschaft und Wirtschaft, Heft 3: Salmo gairdneri Richardson, 1836. Paul Parey Verlag, Hamburg, Berlin 1975.

Abb. 9: SMITH, L. S. and G. R. BELL: A Practical Guide to the Anatomy and Physiology of Pacific Salmon. Miscellaneous Special Publication 27, Ottawa, 1975.

BROWN, M. E.: Physiology of Fishes. Academic Press, New York, 1957.

Abb. 11: SNIESKO, S. F. and H. R. AXELROD (eds.): Diseases of the Fishes. Book 5: Environmental Stress and Fish Diseases. T. F. H. Publications, New Jersey, 1976.

Abb. 12: WATERMAN, A. J.: Chordate Structure and Function. The Macmillan Company, New York, 1971.

Abb. 15: RANDALL, D. J.: Functional Morphology of the Heart in Fishes. Am. Zool. 8, 179 - 189, 1968.

Abb. 16 und 17: SUWOROW, J. K.: Allgemeine Fischkunde. VEB Deutscher Verlag der Wissenschaften, Berlin, 1959.

Abb. 19: KÄMPFE, L., KITTEL, R. und J. KLAPPERSTÜCK: Leitfaden der Anatomie der Wirbeltiere. VEB Gustav Fischer Verlag, Jena, 1970.

Tafel XXX: s. Abb. 2.

ALI, M. A.: The Ocular Structure, Retinomotor and Photobehavioral Responses of Juvenile Pacific Salmon. Can. J. Zool. 37, 965-996, 1959.

VORWORT UND EINFÜHRUNG

Das vorliegende Tafelwerk ist als Arbeitshilfe für alle Personen gedacht, die sich lernend, krankheitsdiagnostisch oder wissenschaftlich mit der in Europa wohl am weitesten verbreiteten Aquakultur-Fischart, der Regenbogenforelle (Salmo gairdneri Richardson), befassen und im Rahmen ihrer Arbeit histologische Untersuchungen vornehmen müssen. Das Konzept hierzu ergab sich aus der langjährigen wissenschaftlichen Zusammenarbeit und der gemeinsamen Lehrtätigkeit der Arbeitsgruppe für vergleichende Endokrinologie der Ruhr-Universität Bochum und der Landesanstalt für Fischerei Nordrhein-Westfalen in Albaum. In der erstgenannten Institution wird reproduktionsphysiologische und vergleichend-endokrinologische Forschung betrieben, wobei als "strukturelles Aequivalent" neben den im Vordergrund stehenden biochemisch-physiologischen Untersuchungen umfangreiche histologische und immunhistochemische Studien an der Regenbogenforelle betrieben werden. Der Forschungsschwerpunkt der zweitgenannten Institution liegt auf den Gebieten der Ichthyopathologie und Fischhämatologie, in deren Rahmen die Kenntnis der Normalhistologie und des Blutbildes der relevanten Fischarten die notwendige Voraussetzung zur Diagnose pathologischer Organveränderungen sind. Der Großteil der in dem vorliegenden Werk abgebildeten histologischen und hämatologischen Präparate entstanden für eine seit mehreren Jahren an der Ruhr-Universität Bochum gemeinsam abgehaltene ichthyologische Lehrveranstaltung für fortgeschrittene Studenten der Biologie, der Rest stammt aus der laufenden wissenschaftlichen Arbeit.

Der "Farbatlas der Histologie der Regenbogenforelle" ist, wie bereits erwähnt, in erster Linie als Arbeitshilfe für den Lernenden und den Praktiker gedacht und diesem Anliegen entspricht auch das methodische und didaktische Konzept. In einem einführenden Kapitel wird die makroskopische Anatomie der Regenbogenforelle besprochen, gefolgt von einer sehr knappen rekapitulierenden Einführung in die Gewebelehre. Diesem theoretischen Teil folgen die Arbeitsanleitungen für die in den gezeigten Präparaten verwendeten histologischen bzw. hämatologischen Färbungen. Hierbei wurde Wert darauf gelegt, sich auf eine -nach unserer Meinung und Erfahrung- optimale histologische "Standardfärbung" zu beschränken, so daß sich der Betrachter die Färbekriterien nur einmal einprägen muß. Es wurde eine Kombination der Aldehydfuchsin-Färbung nach GOMORI mit der MASSON´schen Trichromfärbung in der Modifikation von GOLDNER (Aldehydfuchsin-Goldner-Färbung, AFG) gewählt, die sich durch folgende Eigenschaften auszeichnet: vorzügliche Transparenz auch bei dickeren Schnitten, ein Maximum spezifischer Anfärbungen verschiedener Strukturen und eine relativ kurze Durchführungszeit von etwa 1,5 Stunden. Andere Färbungen wurden lediglich bei einem histologischen Objekt und den hämatologischen Präparaten verwendet. Die Beherrschung der histologischen Paraffintechnik wird vorausgesetzt und nicht besprochen. Der Bildteil wurde bewußt in der "Lose-Blatt-Form" gestaltet. Die stabilen Arbeitstafeln können einzeln herausgenommen und am Arbeitsplatz zu Vergleichszwecken verwendet werden. Ihrer Gestaltung lag das Konzept zugrunde, jeder Tafel bzw. Tafelgruppe mit gleicher Thematik zuerst einen allgemeineren Text mit einführendem Charakter voranzustellen. Die dann folgenden Bild - Textreihen sind jeweils dreigeteilt: links befindet sich das farbige histologische Bild, in der Mitte eine Strichzeichnung mit dessen wichtigsten Strukturen, in welche Hinweiszahlen und die Vergrößerung eingetragen sind und rechts jeweils der spezifische erklärende Text. So bleibt das originale histologische Bild frei von störenden bzw. irritierenden Eintragungen, wobei aus der Strichzeichnung die wesentlichen Elemente zu entnehmen sind.

Die histologischen Präparate der Tafeln I - XVI und XXIII - XXXII fertigte Eva Mehring an (-mit Ausnahme der Abb. 3 auf Tafel XXIV, die von Heike Schäfer stammt). Die Präparate der "Blutzellentafeln" XVII - XXII stellte Franz Stürenberg her. Die Mikrofotografien der erstgenannten Tafelgruppen fertigte Volker Blüm an, der auch die Texte dazu entwarf, die dann zusammen mit J. Lehman überarbeitet wurden. Bei der zweitgenannten Tafelgruppe wurde umgekehrt verfahren. Die histologischen Strichzeichnungen sind ausnahmslos das Werk von Juan Casado. Die makroskopisch-anatomischen Grundlagen incl. der Abbildungen fertigten J. Lehmann und V. Blüm an, der auch die Einführung in die Gewebelehre verfaßte. Die Arbeitsanleitungen sind eine Gemeinschaftsproduktion der beiden Letztgenannten und E. Mehring. Die Zeichnung auf Tafel XXIII stammt von H. Schäfer, die auf Tafel XXIX von J. Lehmann. Das Umschlagbild entwarf V. Blüm.

Die Verwirklichung unseres lange geplanten Projektes nach unseren Vorstellungen (-d.h. in der jetzt vorliegenden Form-) bereitete einige Schwierigkeiten organisatorischer und finanzieller Art. Wäre das Werk durch einen Verlag nach kommerziellen Gesichtspunkten produziert worden, läge der Preis wegen der kostenaufwendigen Herstellung der Farbtafeln um DM 150.- pro Exemplar. Da unser Anliegen aber eine möglichst breite Nutzung -auch durch Studenten- war, erschien uns dieser Weg nicht gangbar. Durch Übernahme der Druckkosten seitens der Landesanstalt für Fischerei NRW und den Druck in der technischen Zentralstelle des Landesamtes für Agrarordung NRW zum Materialpreis konnten wir schließlich unseren Farbatlas der Histologie der Regenbogenforelle in adäquater Auflage und zu einem erschwinglichen Preis letztendlich doch noch realisieren. Dies wäre ohne die großzügige Unterstützung durch das Ministerium für Umwelt, Raumordnung und Landwirtschaft des Landes Nordrhein-Westfalen, dem unser besonderer Dank gilt, nicht möglich gewesen.

Albaum und Bochum, August 1987

V. Blüm
J. Casado
J. Lehmann
E. Mehring

GRUNDLAGEN DER MAKROSKOPISCHEN ANATOMIE DER REGENBOGENFORELLE

Der Körper der Regenbogenforelle ist durch seine spindel- bzw. torpedoähnliche Form dem Lebensraum Wasser optimal angepaßt. Er wird, wie der Fischkörper allgemein, in Kopf, Rumpf und Schwanz gegliedert. Als Extremitäten sind paarige Brust-, paarige Bauch-, sowie jeweils eine unpaare Rücken-, After-und Schwanzflosse vorhanden. Die Fettflosse, die dorsal zwischen der Rückenflosse und der Schwanzflosse liegt, hat keine Flossenstrahlen. Sie ist keine echte Extremität. (Abb. 1)

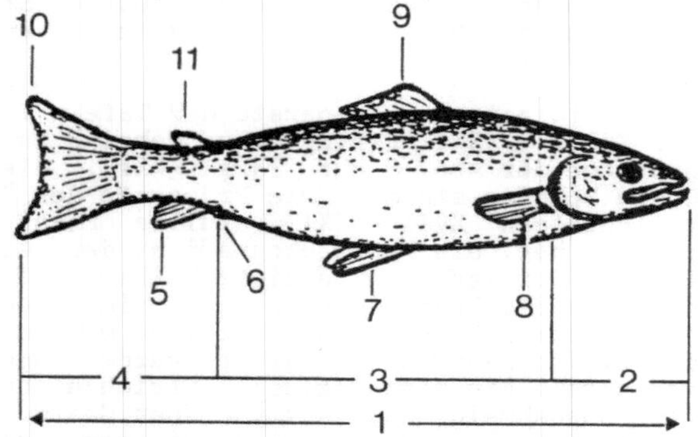

Abb. 1: Gliederung und Extremitäten der Regenbogenforelle.

1 = Gesamtlänge, 2 = Kopf, 3 = Rumpf, 4 = Schwanz, 5 = Afterflosse (Analis) 6 = Anus, 7 = Bauchflossen (Ventrales) 8 = Brustflossen (Pectorales), 9 = Rückenflosse (Dorsalis), 10 = Schwanzflosse (Caudalis), 11 = Fettflosse.

Die Körperbedeckung ist die Haut (Dermis). Ihr Aufbau wird in Tafel I beschrieben.

Die nur mäßig durchblutete Rumpfmuskulatur ist quergestreift und besteht aus zahlreichen Muskelsegmenten (Myomeren), die rechts und links der Wirbelsäule symmetrisch angeordnet sind. Diese massiven Seitenmuskeln des Rumpfes werden in einen über der Körperachse liegenden (epaxialen) Teil, der sich über dem Myoseptum horizontale befindet, und in einen unterhalb dieses Septums, also unterhalb der Körperachse gelegenen hypaxialen Bereich aufgeteilt (Abb. 2).

Bei der Regenbogenforelle wird auch der sog. "rote Muskel" (M. lateralis superficialis) durch das Myoseptum horizontale in einen dorsalen und ventralen Bereich geteilt. Dieses fettreiche Muskelgewebe liegt als abgeflachter Keil, dessen Spitze zur Körpermitte hin gerichtet ist, zwischen der epaxialen und hypaxialen Seitenmuskulatur. Bau und Anordnung der Myomeren werden in Tafel II beschrieben.

Die Regenbogenforelle besitzt auf jeder Körperseite etwa 52 Myomeren. Muskeln der paarigen Extremitäten sind die Musculi abductores (Bewegung der Flosse von der Körperachse fort) und die Musculi adductores (Bewegung der Flosse zur Körperachse hin). Die Rückenflosse wird von den verschiedenen Teilen des Musculus supracarinalis, die Afterflosse durch die des M. infracarinalis bewegt. Die Funktion dieser "Kielmuskeln" wird jedoch im unmittelbaren Bereich der Rücken- bzw. Afterflosse weitgehend von den einzelnen Flossenmuskeln der Flossenstrahlträger übernommen, die zwischen den Flossenstrahlträgern und Flossenstrahlen ausgespannt sind

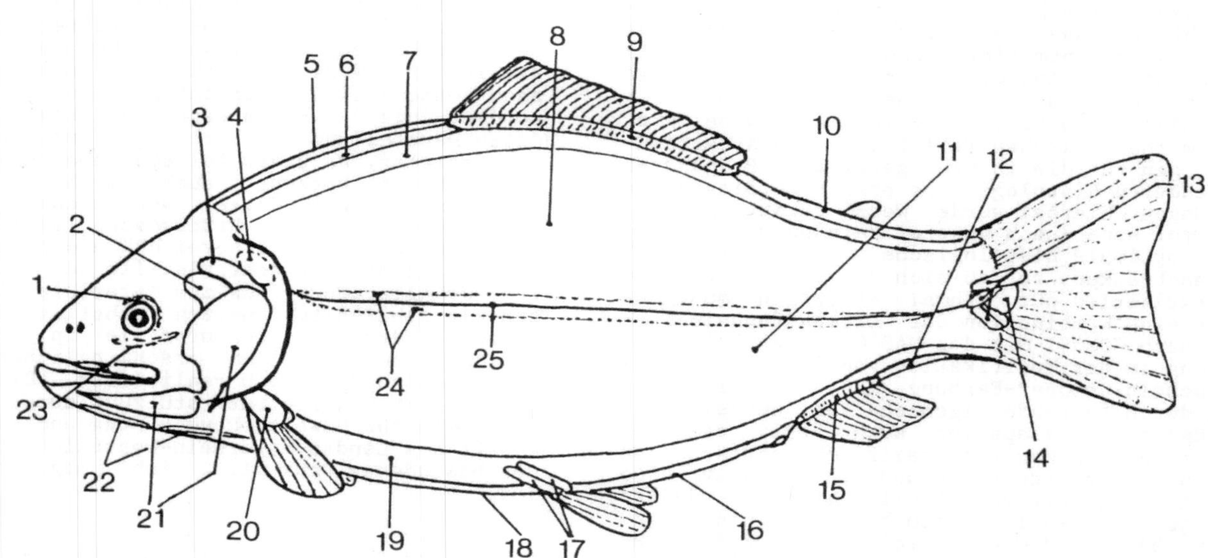

Abb. 2: Schematische Darstellung der Körperoberflächen- und Extremitätenmuskulatur eines Teleosteers (n. HIBIYA, verändert).

1 = 3 Paare okulomotorischer Muskeln, 2 = Musculus levator hyoidei (Heber des Hyomandibulare), 3 = M. dilator operculi (Aufklappmuskel des Kiemendeckels), 4 = M. adductor operculi (Rückziehmuskel des Kiemendeckels), 5 = Bindegewebe, 6 = M. supracarinalis dorsalis anterior, 7 = M. carinatus dorsalis, 8 = epaxiale Rumpfseitenmuskulatur (M. latero-dorsalis), 9 = Hebe- und Senkmuskeln der Flossenstrahlen der Dorsalis, 10 = M. supracarinalis dorsalis posterior, 11 = hypaxiale Rumpfmuskulatur (M. latero-ventralis), 12 = M. infracarinalis ventralis posterior, 13 = Schwanzflossenmuskulatur (M. flexor caudalis dorsalis superioris und inferioris, M. flexor caudalis ventralis superficialis, superioris und inferioris), 14 = M. adductor caudalis ventralis (Anziehmuskel der Schwanzflosse), 15 = Hebe- und Senkmuskeln der Flossenstrahlen der Analis, 16 = M. infracarinalis ventralis medialis, 17 = M. levator pinnae abdominalis (innerer und äußerer Hebemuskel der Ventralis), 18 = M. infracarinalis ventralis anterior, 19 = M. carinatus ventralis, 20 = M. flexor pinnae pectoralis (Beugemuskel der Pectoralis), 21 = M. adductor mandibulae (Anziehmuskel der Unterkiefermuskulatur), M. geniohyoideus und M. sternohyoideus (zusammen mit M. levator hyoidei Erweiterer der Mundhöhle), 23 = M. adductor hyomandibulae (Mundhöhlenverenger), 24 = M. lateralis superficialis ("Roter Muskel"), 25 = Myoseptum horizontale.

(Abb. 2). Die Schwanzflosse besitzt mehrere
Beuger (Flexoren) sowie einen Hauptanziehmuskel
(Adductor). Zusätzliche Details können aus Abb.
2 entnommen werden. Die Kiemenbögen werden von
mehreren speziellen Kiemenmuskelgruppen versorgt, die Augäpfel jeweils von vier geraden
und zwei schrägen Augenmuskeln. Die wichtigsten
Kopfmuskeln sind in Abb. 2 dargestellt. Zum
Muskelsystem im weiteren Sinne gehören auch die
sog. Fleischgräten (Epipleuralia). Einige Autoren bezeichnen diese intermuskulären Strukturen
bei der Forelle als dorsale Rippen. Während jedoch die Rippen (Costae oder Pleuralbögen)
aus Knorpelvorlagen durch chondrale Ossifikation (s. Tafel II) gebildet wurden, entstehen
die Epipleuralia desmal im Myoseptenbindegewe-
be. Sitzen die Epipleuralia wie bei der Forelle
an den dorsalen Bögen der Wirbelsäule (Abb. 7),

werden sie als Epineuralia bezeichnet, grenzen
sie dagegen direkt an den Wirbelkörper, nennt
man sie Epicentralia. Bei vielen Knochenfischen
liegen sie jedoch frei im Bindegewebe zwischen
den Muskelsegmenten. Salmoniden besitzen im Ho-
rizontalseptum noch rudimentäre intramuskuläre
Knorpelgebilde, die als echte dorsale Rippen
gedeutet werden.

Das Kopfskelett besteht aus zahlreichen Knochen. Man unterscheidet zwei Hauptteile:

1. Gehirnschädel (Neurocranium) mit folgenden
   Regionen:
   Nasenregion (Regio nasalis),
   Augengrubenregion (Regio orbitalis) und
   Hinterhauptregion (Regio occipitalis), die
   die Verbindung mit der Wirbelsäule her-
   stellt.

2. Gesichts- oder Eingeweideschädel (Viscero-
   cranium) mit folgenden Hauptknochen:
   Oberkiefer (Maxillare und Praemaxillare),
   Unterkiefer (Dentale und Articulare),
   Hyoid- und Zungenbogen und
   Fünf Kiemenbögen (Branchial- oder Visceral-
   bögen).

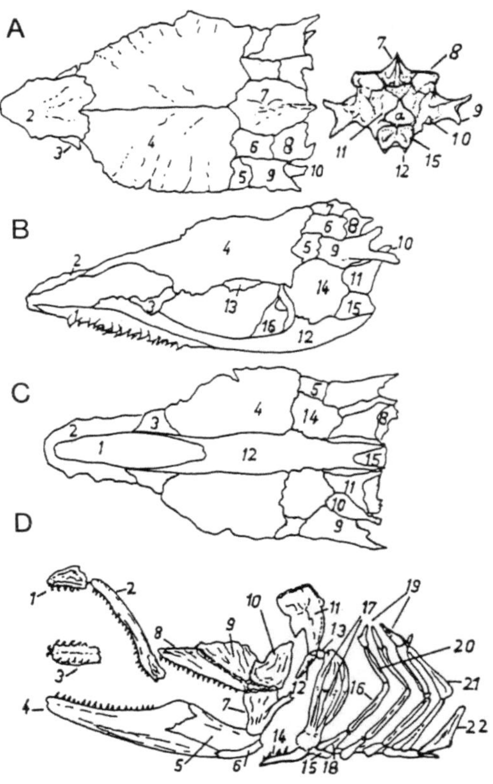

Abb. 3: Das Schädelskelett der Regenbogenforelle (n. KNORR, verändert).

A: Dorsalansicht (links) Aufsicht auf die
Schädelhinterseite (rechts); B: Lateralansicht;
C: Ventralansicht.

1 = Vomer (Praevomer), 2 = Ethmoideum (Meseth-
moideum), 3 = Praefrontale (Ethmoideum laterale), 4 = Frontale, 5 = Sphenoticum, 6 = Parie-
tale, 7 = Supraoccipitale, 8 = Epioticum, 9 =
Pteroticum, 10 = Opisthoticum, 11 = Exoccipita-
le, 12 = Parasphenoideum, 13 = Alisphenoideum,
14 = Prooticum, 15 = Basioccipitale, 16 = Ba-
sisphenoideum, a = Foramen occipitale.

D: Lateralansicht des Visceralskeletts:

1 = Praemaxillare, 2 = Maxillare, 3 = Os entoglossum (Aufsicht), 4 = Dentale, 5 = Articulare, 6 = Angulare, 7 = Quadratum, 8 = Palatinum,
9 = Entopterygium, 10 = Metapterygium, 11 =
Hyomandibulare, 12 = Symplecticum, 13 = Inter-
hyale, 14 = Os entoglossum (natürliche Lage),
15 = Copula, 16 = Ceratobranchiale 1, 17 = Hyo-
ideum, 18 = Hypobranchiale 1, 19 = Pharyngo-
branchiale, 20 = Epibranchiale 1, 21 = Epibranchiale 4, 22 = Ceratobranchiale 5. (1 und 4
sind desmal, alle übrigen chondral entstandene
Strukturen).

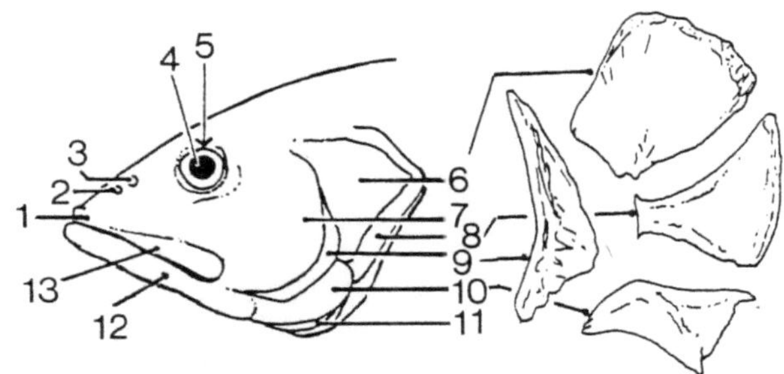

Abb. 4: Die Morphologie des Teleosteerkopfes
(links) und das Kiemendeckelskelett der
Regenbogenforelle (rechts).

1 = Praemaxillare, 2, 3 = vordere und hintere
Öffnungen der Nasengrube, 4 = Pupille, 5 = Au-
genhöhle, 6 = Operculum (Kiemendeckel), 7 =
Wange, 8 = Suboperculum, 9 = Praeoperculum,
10 = Interoperculum, 11 Radii branchiostegi.

Das Dach und die Seitenwände des Gehirnschädels
setzen sich aus Haut- oder Deckknochen (desmal
im Corium entstandene Knochen, s. Tafel II) zusammen.

Der Boden des Hirnschädels besteht vorwiegend
aus Ersatzknochen (chondral entstandenem Knochen). Somit stellt der Forellenschädel gleich-
sam einen "Korb" aus Ersatzknochen dar, der
weitgehend von einem zweiten aus Hautknochen
umschlossen wird. Weitere Einzelheiten sind aus
der Abb. 3 und 4 zu ersehen, wo das Skelett des
Kopfes und die wichtigsten Knochen der Kiemendeckel dargestellt sind. Die Regenbogenforelle
hat ein endständiges Maul (Ober- und Unterkiefer annähernd gleich lang). Das Prämaxillare
ist gegenüber dem Neurocranium nicht, das Maxillare nur wenig beweglich. Bei den Salmoniden
wird das hintere Mundhöhlendach nicht von der
eigentlichen Schädelbasis (Abb. 3 A-C: 16, 14
und 15) gebildet, sondern von dem verbreiterten
Parasphenoideum. In dem so gebildeten, rostral
paarigen "Myodom" liegen die Augenmuskeln.

Das Gliedmaßenskelett besteht aus den Brustflossen mit dem Schultergürtel, den Bauchflossen mit dem sog. "Becken", sowie der Rücken-,
After- und Schwanzflosse.

Die Basis der Brustflosse besteht aus vier in
einer Reihe übereinander angeordneten Knochen,
den Radialia oder Basalia. Die eigentliche
Stütze der Extremität bilden die langen dünnen
hornigen Flossenstrahlen (Lepidotrichien), die
aus Schuppen hervorgegangen sind.

Die Radialia oder Basalia stehen mit dem Schultergürtel in enger Verbindung. Dieser besteht aus mehreren Knochen (dorsal nach ventral): Posttemporale (verbindet den Schultergürtel mit dem Schädel), dreiteiliges Cleithrum, Scapula und Coracoid (Abb. 5). Die Scapula weist bei der Regenbogenforelle eine große Öffnung für Gefäße und Nerven auf, das Foramen scapulae. Die Clavicula ist nicht mehr vorhanden, so daß die Cleithra als einzige dermale Bedeckung und als sog. sekundärer Schultergürtel erhalten bleiben. Die übrigen oben genannten Schultergürtelknochen entstehen chondral und bilden den primären Schultergürtel.

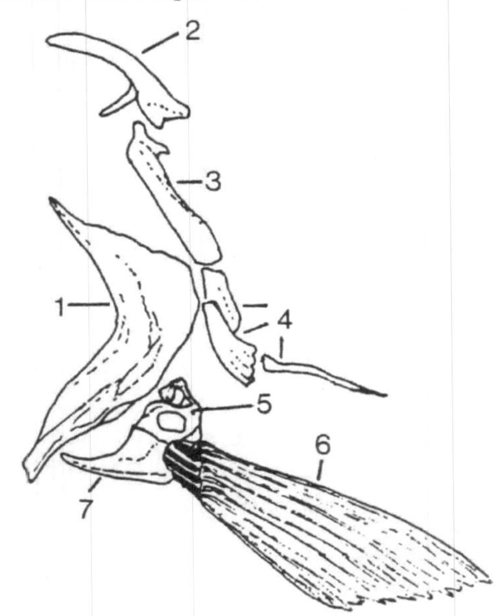

Abb. 5: Das Schultergürtelskelett der Regenbogenforelle.

1 = Cleithrum, 2 = Posttemporale, 3 = Supracleithrum, 4 = Postcleithrum, 5 = Scapula, 6 = Brustflosse (schwarz: Radialia), 7 = Coracoid.

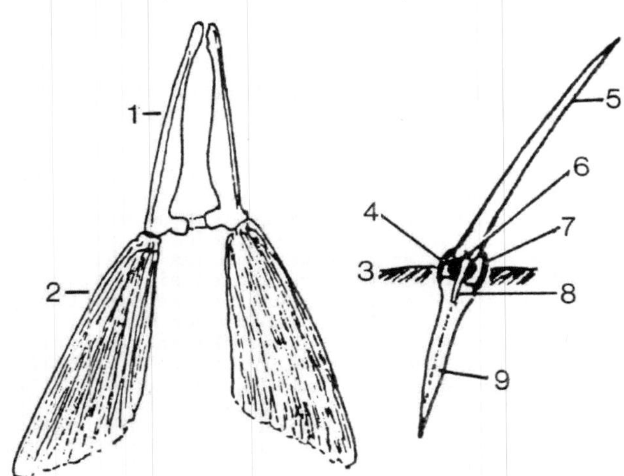

Abb. 6: Das Beckenskelett der Regenbogenforelle (Ventralansicht, links) und Schema der Flossenstrahlbefestigung (rechts).

1 = Basipterygium, 2 = Bauchflosse, 3 = Körperoberfläche, 4 = Hartstrahl-Hebemuskel, 5 = Hartstrahl, 6 = knorpeliges Gelenk, 7 = Hartstrahl-Senkmuskel, 8 = Lateralmuskel, 9 = Flossenstrahlträger.

Die Bauchflossen sind bei der Regenbogenforelle bauchständig. Ihre Flossenstrahlen inserieren jeweils an einem der beiden Beckenknochen (Ba-

sipterygium oder Os pubis), der frei in der Muskulatur liegt (Abb. 6). Radialia (Basalia) fehlen. Die Rückenflosse ist unpaar und ihre Flossenstrahlen sitzen jeweils auf Flossenstrahlträgern (Radialia oder Pterygiophoren), die in der Rückenmuskulatur liegen (Abb. 6). Die ebenfalls unpaare Afterflosse ist sehr ähnlich wie die Rückenflosse gebaut. Ihre weichen Flossenstrahlen sind ebenfalls mit Flossenstrahlträgern verbunden. Die Schwanzflosse umfaßt das Hinterende der Wirbelsäule. Hier treten laterale Abflachungen und Verbreiterungen der Neural- und Hämalbögen der Wirbelkörper als Ansatzstellen für Muskulatur und Bänder auf. Die Schwanzflose der Regenbogenforelle wird als homo- heterocerk bezeichnet (Abb. 1 und 8).

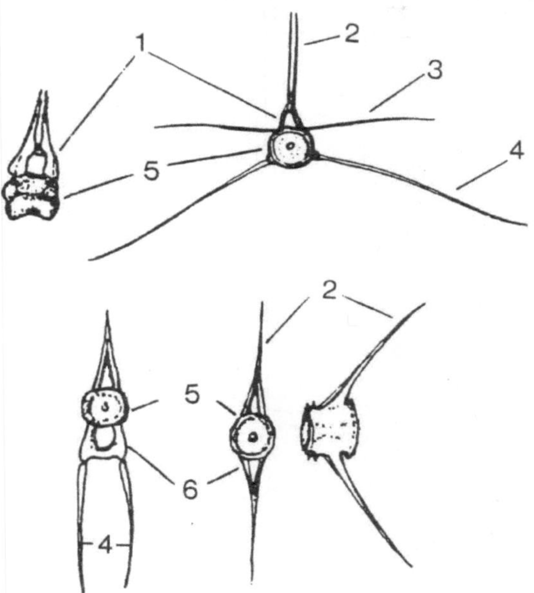

Abb. 7: Wirbelkörper der Regenbogenforelle. Von links nach rechts: erster Wirbel und Rumpfwirbel; frontale Aufsicht (oben). Vorderer (frontale Aufsicht) und hinterer Schwanzwirbel; frontale und laterale Aufsicht (unten).

1 = oberer Bogen, 2 = oberer Dornfortsatz, 3 = Epineuralium ("obere Rippe"), 4 = untere Rippe, 5 = Wirbelkörper, 6 = Hämalbogen.

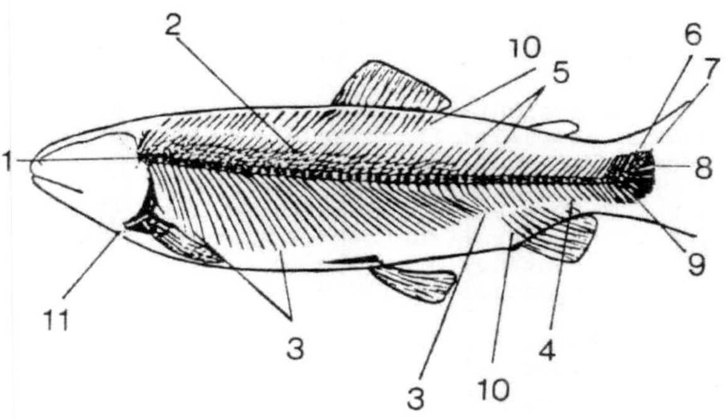

Abb. 8: Schema des Achsen- und Extremitätenskelettes der Regenbogenforelle.

1 = Wirbelkörper, 2 = Epineuralia, 3 = Costae, 4= Hämalbogen mit ventralem Dornfortsatz, 5 = Neuralbogen mit dorsalem Dornfortsatz, 6 = Epuralia, 7 = Urostylum, 8 = Hypuralia, 9 = verbreiterte Hämalfortsätze, 10 =Flossenstrahlträger, 11 = Schultergürtel.

Die Wirbelsäule besteht aus den Hals-, Brust-, Lenden- und Schwanzwirbeln. Die einzelnen Wirbel sind durch Bindegewebslagen miteinander verbunden. Knorpelige Zwischenwirbelscheiben, wie bei den höheren Wirbeltieren, fehlen. Die Regenbogenforelle besitzt 57-64 Wirbel, meist liegt die Zahl bei 61-63 (davon 29-32 Rumpfwirbel). Jeder der stets vorne und hinten konkaven (amphicoelen) Wirbel besteht aus dem eigentlichen -im Querschnitt annähernd kreisförmigen-Wirbelkörper, den beiden oberen Bögen (Neuralbögen oder Neurapophysen), die den Kanal für das Rückenmark sowie den sog. Dornfortsatz bilden und den beiden unteren Bögen. Letztere tragen im vorderen Körperbereich jeweils einen frei abstehenden Basalstumpf als Basis für die daran anschließende Rippe (Costa oder Pleuralbogen), im hinteren Körperbereich jeweils einen geschlossenen Bogen (Hämalbogen oder Hämapophyse). Hierin verlaufen zwei große Blutgefäße (Abb. 7). Alle Rippen enden ohne ventrale Vereinigung frei in der Muskulatur. Sie beginnen bei der Regenbogenforelle auf der Höhe des dritten Rumpfwirbels und reichen bis in den Schwanzbereich hinein. Ihre Zahl liegt bei 34-36 Paaren. Im Schwanzbereich sind einige Neural- und Hämalfortsätze der Wirbelkörper als Ansatzstellen für die Schwanzflossenmuskulatur verbreitert. Abb. 8 gibt eine stark schematisierte Übersicht über das Bauprinzip des Achsen- und Extremitätenskeletts der Regenbogenforelle.

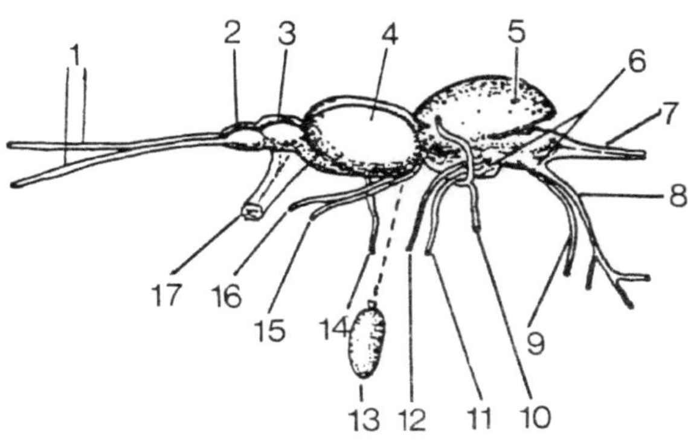

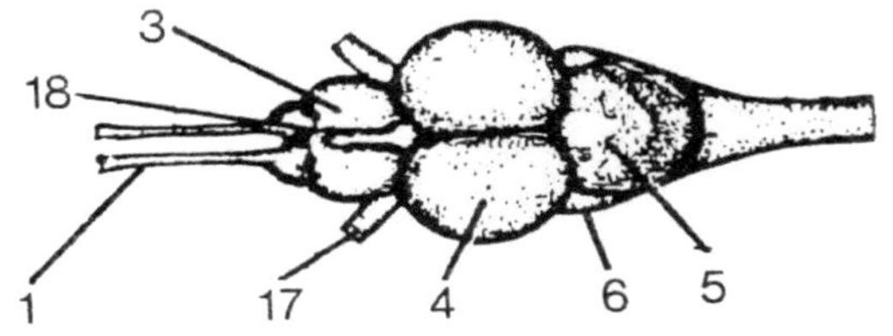

Abb. 9: Das Gehirn der Regenbogenforelle. Lateralansicht (oben, n. SMITH et al., verändert); Dorsalansicht (unten, n. BROWN, verändert).

1 = Nervus olfactorius, 2 = Bulbus olfactorius, 3 = Telencephalon, 4 = Tectum opticum des Mesencephalon, 5 = Cerebellum, 6 = Myelencephalon, 7 = Medulla oblongata mit Rückenmark, 8 = N. vagus, 9 = N. glossopharyngeus, 10 = N. statoacusticus, 11 = N. abducens, 12 = N. facialis, 13 = Hypophyse, 14 = N. oculomotorius, 15 = N. trigeminus, 16 = N. trochlearis, 17 = N. opticus und Diencephalon.

Das Nervensystem (Gehirn, Rückenmark) und die Sinnesorgane werden im begleitenden Text zu den histologischen Tafeln XXIII bis XXXI erklärt. Daher werden hier lediglich einige ergänzende Erläuterungen und Abbildungen zu den Hirnnerven und zur Integration des Rückenmarkes in die Wirbelsäule sowie zum Seitenliniensystem gegeben (Abb. 9 - 11). Dem Gehirn entspringen jeweils lateral beidseitig 10 Nerven, die es afferent und efferent mit dem Körper verschalten. Der erste (in rostro-caudaler Richtung) ist der Nervus olfactorius, der mit sensiblen Fasern das Riechepithel der Nasengruben mit dem Telencephalon verbindet. Der zweite ist der ebenfalls sensible N. opticus, dessen beide Äste sich ventral vom Telencephalon überkreuzen und

das Chiasma opticum bilden. Der N. opticus zieht vom Auge ins Diencephalon und steigt durch dieses zum Tectum opticum auf. Der folgende N. oculomotorius und der N. trochlearis sind motorisch und innervieren die Augenmuskeln. Beide entspringen dem Mesencephalon. Die restlichen Gehirnnerven haben ihren Ursprung im

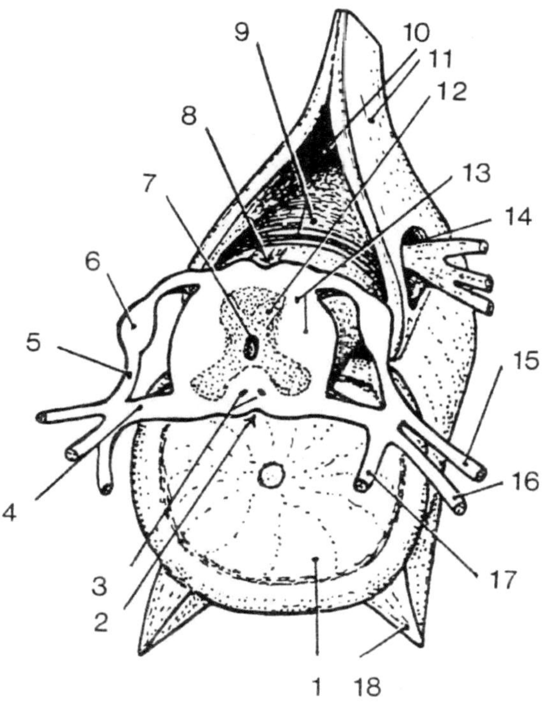

Abb. 10: Die Integration des Rückenmarks in die Wirbelsäule.

1 = Wirbelkörper, 2 = Fissura mediana ventralis, 3 = Axone der Mauthner-Neuronen, 4 = Radix ventralis 5 = Radix dorsalis, 6 = Spinalganglion, 7 = Canalis centralis, 8 = Sulcus medianus dorsalis, 9= Rückenmarks-Meningen, 10 = Neuralkanal, 11= Neuralbögen, 12 = graue Substanz, 13 = weiße Substanz, 14 = Durchtrittsstelle der Spinalnerven im folgenden Wirbel, 15 = Ramus dorsalis des Spinalnerven, 16 = Ramus ventralis, 17 = Ramus visceralis, 18 = Parapophyse.

Myelencephalon. Der fünfte ist der N. trigeminus, der gemischt sensibel/motorisch den vorderen Kopfbereich und den Kieferapparat versorgt. Auf ihn folgt der N. abducens, der den Retraktormuskel des Augapfels motorisch innerviert. Der N. facialis ist ebenfalls "gemischt" und steht mit Teilen des Seitenliniensystems und den Geschmacksknospen in Verbindung. Der N. stato-acusticus steht in enger Beziehung zum

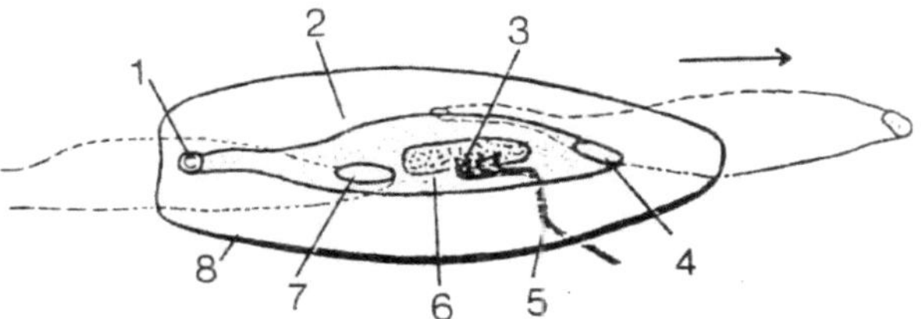

Abb. 11: Ausschnitt aus dem Seitenlinienorgan der Regenbogenforelle (n. SNIESKO et al., verändert)
1 = Pore der Seitenlinienkammer, die die Schuppe nach außen durchbricht, 2 = Seitenlinienkammer, 3 = Neuromastenorgan, 4 = Öffnung der Kammer zur vorhergehenden, 5 = Ast des N. lateralis, 6 = Cupula, 7 = Öffnung zur folgenden Kammer, 8 = Schuppe.

Innenohr, ist aber auch sensibel mit bestimmten Kopfbereichen und dem Lateralissystem verknüpft. Der neunte Hirnnerv ist der N. glossopharyngeus, der motorisch/sensibel mit Teilen des Seitenliniensystems, Geschmacksorganen und der Muskulatur der ersten Kiemenspalte verschaltet ist. Der N. vagus ist schließlich der letzte der Hirnnerven. Er entspringt der Medulla oblongata und steht mit der Haut, dem Sei-

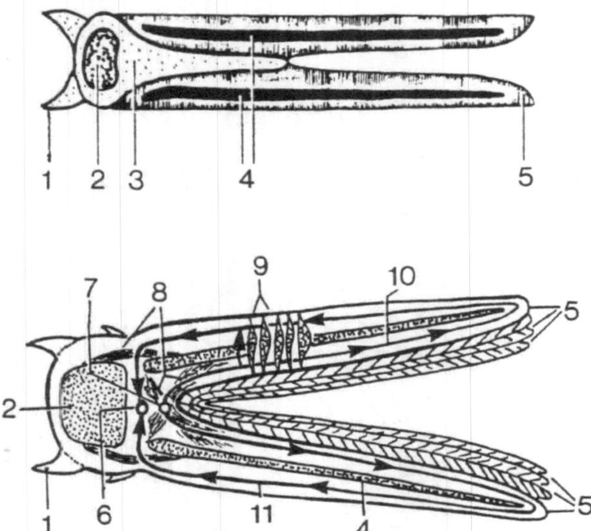

Abb. 12: Schema eines Querchnittes des Kiemenbogens der Salmoniden (zur Demonstration des Interbranchialseptums, oben, n. WATERMAN, verändert) und der Teleosteer allgemein (unten).

1 = Kiemenreuse, 2 = Kiemenbogenskelett, 3 = Interbranchialseptum, 4 = knorpeliger Kiemenstrahl, 5 = Kiemenblättchen, 6 = Arteria branchialis efferens, 7 = A. branchialis afferens, 8 = Kiemenblättchenmuskulatur, 9 = Kiemenlamellen, 10 = A. laminae branchialis afferens, 11 = A. laminae branchialis efferens.

tenliniensystem, Brust- und Baucheingeweiden und der Schwimmblase in Verbindung. Er ist der Hauptnerv des parasympathischen Systems und enthält sowohl motorische als auch sensible Fasern.

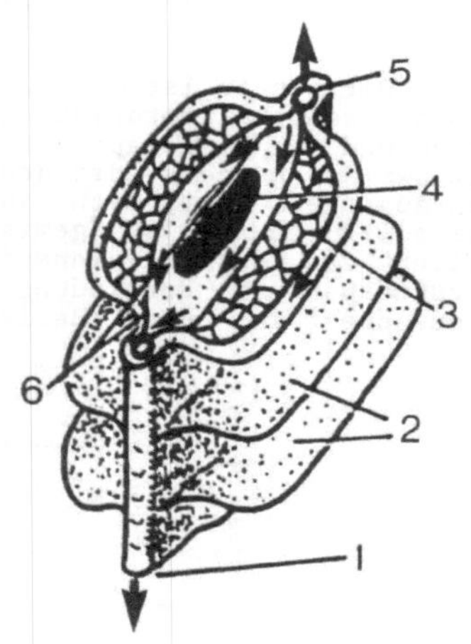

Abb. 13: Schematische Darstellung des Aufbaues von Kiemenblättchen und -lamellen.

1 = A. laminae branchialis efferens, 2 = Kiemenlamellen, 3 = respiratorisches Kapillarnetz, 4 = knorpeliger Kiemenstrahl, 5 = A. laminae branchialis afferens, 6 = A. a. foliae branchiales. Die Pfeile zeigen die jeweilige Blutflußrichtung an.

Die Kiemen sind Atmungs- und Exkretionsorgane. Die Regenbogenforelle besitzt fünf Kiemenbögen, von denen jedoch nur die ersten vier Kiemenblättchen tragen (Abb. 3). Auch die Kiemen werden ausführlich im Text zu den entsprechenden Tafeln abgehandelt. Es muß ergänzend angemerkt werden, daß die Gattung Salmo noch ein deutlich entwickeltes Interbranchialseptum besitzt, das bei höher evolvierten Teleosteern weitgehend verschwindet (Abb. 12). Die Abbildung 13 zeigt eine schematische Darstellung des Aufbaues von Kiemenblättchen und -lamellen.

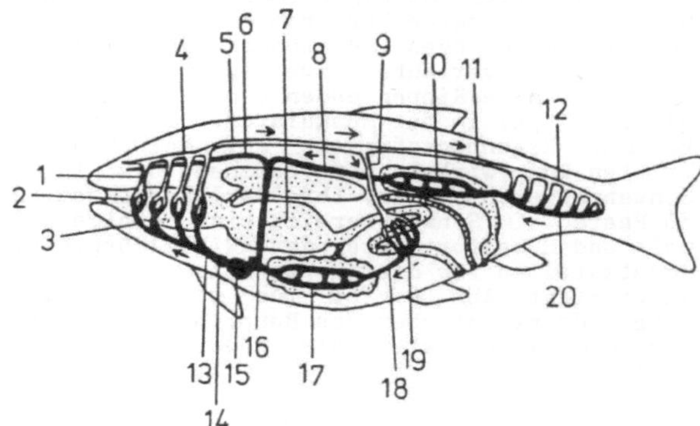

Abb. 14: Schema des Teleosteer-Kreislaufsystems

1 = A. br. efferens, 2 = Kiemen, 3 = A. br. afferens, 4 = Beginn Aortenwurzel, 5 = Aortenwurzel, 6 = Vena cardinalis anterior, 7 = Ductus cuvieri, 8 = V. card. posterior, 9 = Aorta mesenterica, 10 = Nierenportalsystem, 11 = Aorta descendens, 12 = dto., Endbereich, 13 = Truncus arteriosus, 14 = Bulbus art., 15 = Ventrikel, 16 = Atrium, 17 = Leberportalsystem, 18 = V. portae hepatis, 19 = Darmgefäße, 20 = V. caudalis, Anfangsbereich.

Das Kreislaufsystem der Regenbogenforelle wird auf Tafel XXXII ausführlich besprochen, so daß hier nur noch zwei ergänzende Abbildungen gezeigt werden (Abb. 14 - 15).

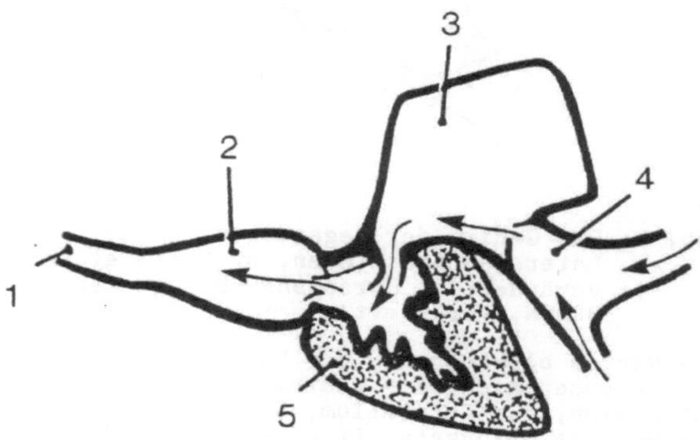

Abb. 15: Sagittaler Längsschnitt durch ein Forellenherz (n. RANDALL, verändert).

1 = Truncus arteriosus, 2 = Bulbus arteriosus, 3 = Atrium, 4 = Sinus venosus, 5 = Hauptkammer (Myocard, Ventrikel), Pfeile = Blutflußrichtung.

Die Regenbogenforelle besitzt auch ein Lymphgefäßsystem, das jedoch keine Lymphknoten enthält, wie sie bei höheren Wirbeltieren auftreten. Die Lymphbahnen liegen weitgehend peripher. Jeweils ein Hauptstrang verläuft unter dem Seitenliniekanal im Corium und entlang der dorsalen und ventralen Mittellinie des Körpers. Weiterhin befinden sich in jedem Kiemenfilament kurze Lymphkanäle. Im Bereich der Schwanzflossenbasis liegen außerdem sog. Lymphherzen, die quergestreifte Muskulatur und Klappenventile besitzen. Die Abbildung 16 zeigt das Lymphsystem eines juvenilen Tieres.

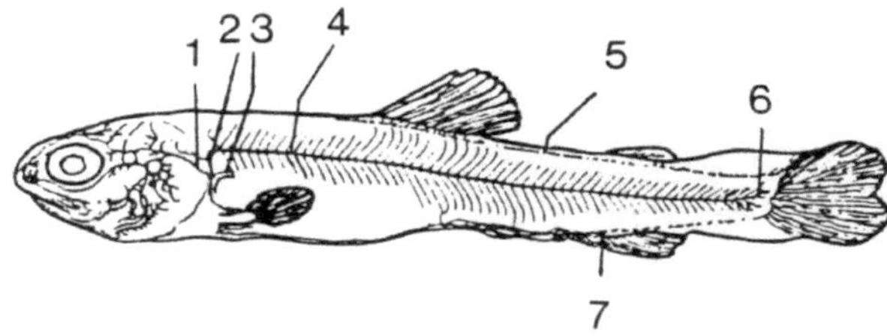

Abb. 16: Lympfgefäße einer juvenilen Forelle (n. SUWOROW, verändert).

1 = jugularer Lymphstrang, 2 = seitlicher Lymphsinus, 3 = V. cardinalis posterior, 4 = lateraler Lymphstrang, 5 = longitudinales dorsales Lymphgefäß, 6 = Lymphherzen, 7 = longitudinales ventrales Lymphgefäß

Die Nieren (Pro- und Mesonephros) werden ausführlich auf Tafel IV abgehandelt. Die Abbildungen 17 und 18 geben hierzu einen ergänzenden Überblick.

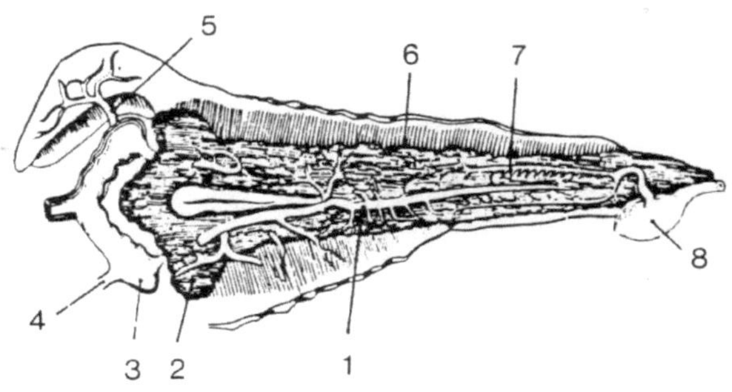

Abb. 17: Die Nieren der Regenbogenforelle (n. SuWOROW, verändert).

1 = abführende Nierenvene, 2 = Pronephros (Kopfniere), 3 = obere Genitalvene, 4 + 5 = Subclavicularvene, 6 = Mesonephros, 7 = primärer Harnleiter, 8 = Harnblase.

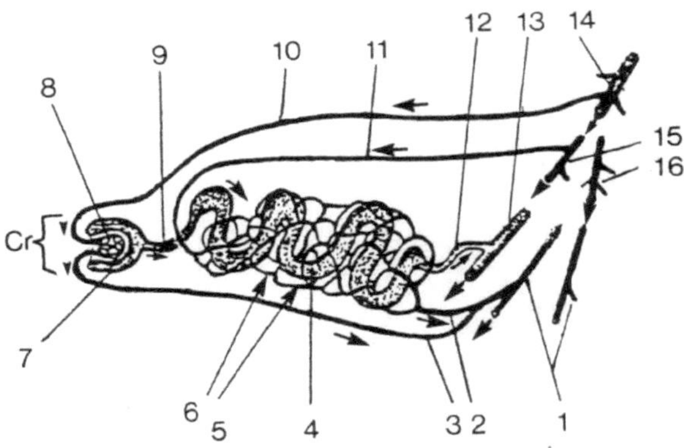

Abb. 18: Schematische Darstellung eines Nephrons eines Süßwasser-Teleosteers

1 = hintere Kardinalvenen, 2 + 3 = efferente Nierenvenen. 4 = Tubulus contortus, 5 = Portalsystem, 6 = Bowman´sche Kapsel, 7 = Corpusculum renis, 8 = Glomerulus, 9 = Halsstück des Tubulus 10 = Nierenarterie, 11 = afferente Nierenvene, 12 = Endteil des Tubulus, 13 = Sammelrohr, 14 = Aorta dorsalis, 15 + 16 = Äste der Nierenpfortader.(Der Tubulus wird nur von Portalkapillaren umsponnen). Cr = Corpusculum renis. Die Pfeile geben die Flußrichtungen von Blut und Harn an.

Die Leibeshöhle (Coelom) wird von der muskulösen Körperwand umschlossen. Sie wird vom Bauchfell oder Peritoneum ausgekleidet. Das Herz liegt außerhalb der Hauptleibeshöhle (Bauchhöhle) im Pericardraum (Brust- oder Herzhöhle). Dieser ist durch eine häutige Scheidewand (Septum transversum) von der Bauchhöhle getrennt. Salmoniden besitzen paarige Abdominalporen, Ausläufer des Coeloms, die eine Verbindung zwischen der Bauchhöhle und der Außenwelt herstellen. Ihre Funktion ist unbekannt. Eine vergleichbare unpaare Bildung, der Genitaltrichter oder Lickteig´sche Trichter dient im weiblichen Geschlecht zur Ausführung der Oocyten aus dem Körper. Im männlichen Geschlecht ist dieser eng mit dem unpaaren Endstück der sekundären Spermidukte verwachsen. Außer der Milz liegen der Gastrointestinaltrakt, seine großen Anhangsdrüsen und die Gonaden streng genommen außerhalb des Coeloms, hängen jedoch, überzogen vom Peritoneum, in die Leibeshöhle hinein. Nur die ventrale Seite der Schwimmblase wird vom Peritoneum bedeckt; die Nieren liegen jedoch eindeutig außerhalb der Leibeshöhle. An dieser Stelle soll mit Hilfe einiger ergänzender Abbildungen eine grobe Übersicht zur Topographie und Morphologie der Organe in- und außerhalb der Leibeshöhle gegeben werden. Eine Besprechung der jeweiligen Systeme einschließlich der endokrinen Drüsen erfolgt auf den jeweiligen Tafeln zur Histologie.

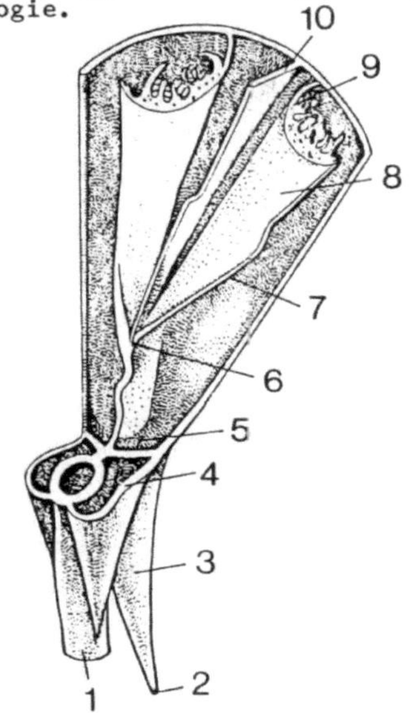

Abb. 19: Der Genitaltrichter der weiblichen Regenbogenforelle und seine Lagebeziehung zu den Ovarien (n. KÄMPFE, KITTEL, KLAPPERSTÜCK, verändert).

1 = Darm, 2 = Genitalporus, Austrittsöffnung der Oocyten, 3 = Genitaltrichter, 4 = Coelomwand, 5 = Eingang zum Genitaltrichter, 6 = Verwachsungsstelle des dorsalen Mesenteriums mit den Genitalfalten, 7 = Genitalfalte, 8 = Ovarium, 9 = Mesovarium, 10 = dorsales Mesenterium. (Die reifen Oocyten werden aus dem Ovarium direkt in die Leibeshöhle entlassen und offenbar durch den Druck der Organe in den Genitaltrichter gepreßt.)

Der grundsätzliche Aufbau und die Gliederung des Gastrointestinaltraktes werden ausführlich in den Tafeln X bis XII erläutert. Die Abbildung 20 soll darüberhinaus die Lage der einzelnen Komponenten im Körper und ihre räumlichen Beziehungen zu anderen Organen verdeutlichen.

Das Hormonsystem der Regenbogenforelle wird auf den Tafeln XIII und XIV näher erläutert. Die Abbildung 21 soll über diese Informationen hinaus die Lage der einzelnen Hormondrüsen bzw. der endokrinen Komponenten zeigen. Die Lokalisierung des Thymus als potentielles endokrines Organ ist aus Abbildung 20 ersichtlich.

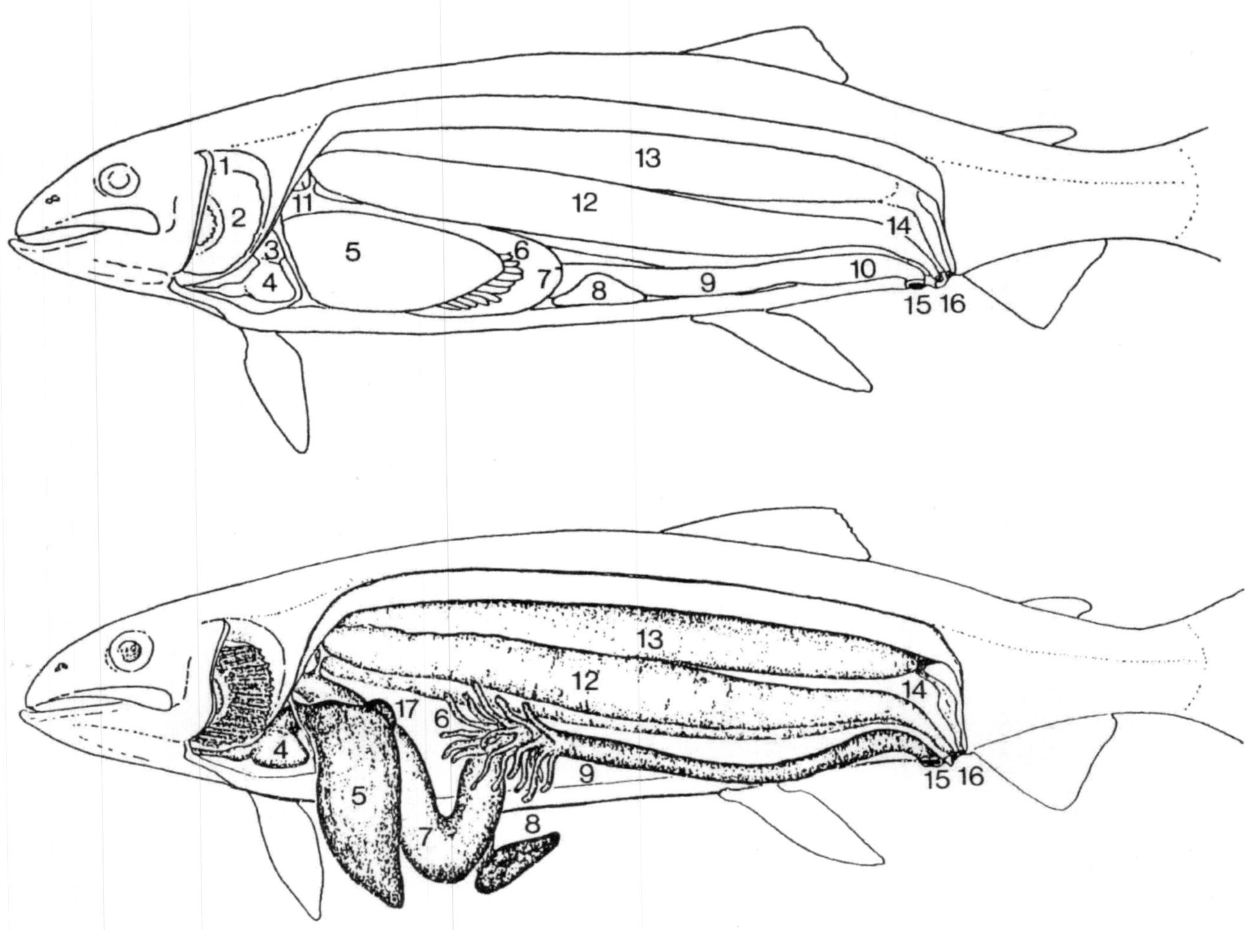

Abb. 20: Männliche Regenbogenforelle mit lateral geöffneter Bauch- und Pericardialhöhle. (Die obere Abbildung zeigt die natürliche Lage der inneren Organe. In der unteren wurde der Verdauungstrakt mit leicht gestrecktem Magen aus der Bauchhöhle herausgezogen dargestellt).

1 = Bereich des Thymus, 2 = Kiemen, 3 = Atrium, 4 = Ventrikel, Bulbus arteriosus und Truncus arteriosus, 5 = Leber, 6 = Pylorusschläuche des Mitteldarms, 7 = Magen, 8 = Milz (in der unteren Abbildung vom Mitteldarm losgelöst), 9 = Mitteldarm (auf seinem Anfangsbereich liegt das makroskopisch nicht deutlich identifizierbare Pankreasgewebe), 10 = Enddarm, 11 = Oesophagus, 12 = Hoden, 13 = Schwimmblase, 14 = Harnblase, 15 = Anus, 16 = Genitalporus und die unmittelbar dahinter liegende Harnleiteröffnung, 17 = Gallenblase (liegt auf der rechten Körperseite).

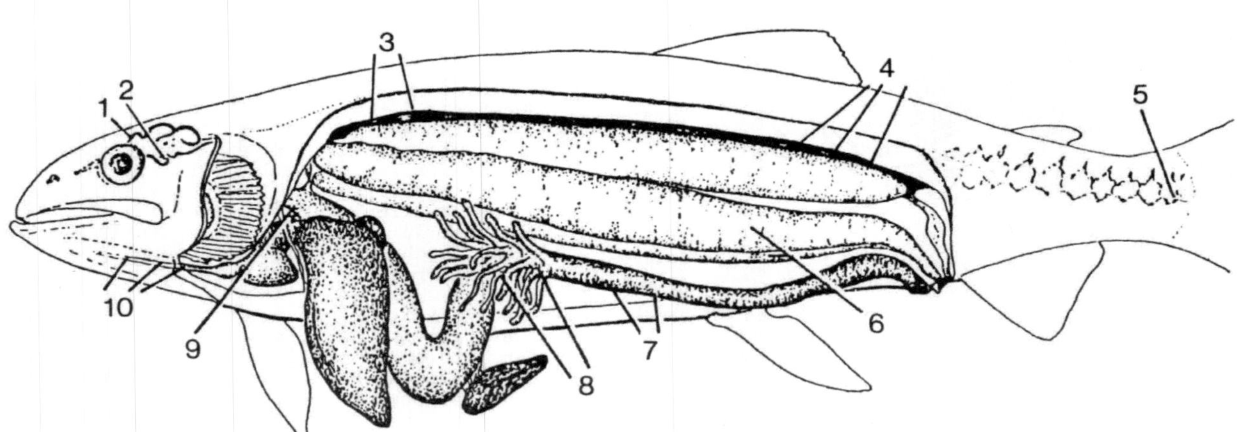

Abb. 21: Die Lage der hormonproduzierenden Strukturen der Regenbogenforelle.

1 = Epiphyse, 2 = Hypophyse, 3 = steroidogenes und catecholaminerges Adrenalgewebe, 4 = Stannius-Körper, 5 = Urophysis caudalis, 6 = endokrine Gonadenanteile, 7 = hormonproduzierende Zellen in der Magen- und Darmwand, 8 = endokrine Pankreasanteile, 9 = Ultimobranchialkörper, 10 = Thyreoidea.

EINFÜHRUNG IN DIE GEWEBELEHRE

Die Überschrift wird dem folgenden Text im strengen Sinne nicht gerecht. Es handelt sich nämlich nicht um eine umfassende Einführung in die Gewebelehre, sondern eher um ein kurzgefaßtes Repetitorium, welches nur die für die Histologie von Fischen relevanten Gewebstypen berücksichtigt. Darüberhinaus soll eine weitgehend einheitliche Terminologie festgelegt werden, die dann entsprechend im Tafelteil Verwendung findet.

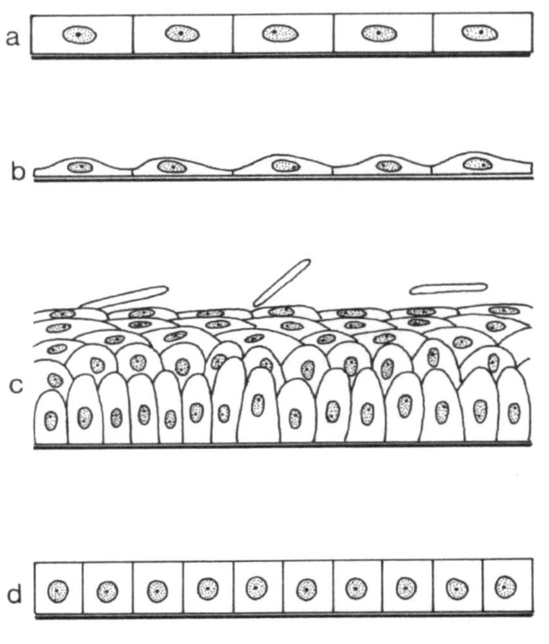

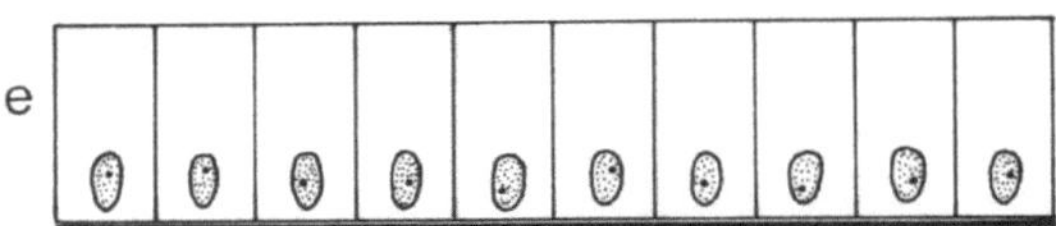

Abb. 22: Die wichtigsten Epitheltypen.

a = einschichtiges Plattenepithel, b = Endothel, c = mehrschichtiges Plattenepithel, d = isoprismatisches Epithel, e = hochprismatisch

Eine der gängigen Definitionen für den Terminus "Gewebe" ist die, daß es sich hierbei um einen Verband von Zellen gleicher Struktur und Funktion handelt. Dies trifft jedoch nicht für alle Typen von Geweben zu. Beim Binde- und Stüzgewebe bilden nämlich zwischenzellige Substanzen meist die Hauptmasse und beim Blut, das ebenfalls zu den Geweben gerechnet werden kann, liegt eine Suspension von mehreren unterschiedlichen Zelltypen in einer Flüssigkeit vor.

Man unterscheidet allgemein vier Haupttypen von Gewebe:

1. Epithelgewebe,
2. Binde- und Stützgewebe,
3. Muskelgewebe und
4. Nervengewebe.

Ad 1.: Das Epithelgewebe selbst kann wieder in drei Untertypen eingeteilt werden, wobei allerdings der letzte die oben getroffene Haupteinteilung wieder vermischt. Es sind dies: das Schutz-oder Deckepithel, das Drüsenepithel und das Sinnesepithel.

Das Schutz- oder Deckepithel überzieht innere oder äußere Oberflächen eines Organismus. Über die mechanische Schutzfunktion hinaus kann es noch weitere Aufgaben, z.B. Resorption oder Respiration, wahrnehmen. Man klassifiziert diesen Typ nach der Form des Querschnittes der Zellen und der Anzahl der Zellschichten.

Beim einschichtigen Plattenepithel (Abb. 22a) sind die Zellen in der Aufsicht polygonal und im Quer- bzw. Längsschnitt wesentlich breiter als hoch. Der Kern liegt zentral und die Zellen sind durch eine Mucopolysaccharid-Kittsubstanz verbunden. Sie liegen auf einer nicht zelligen Basalmembran (Membrana vitrea, Glashaut), die ebenfalls aus Mucopolysacchariden besteht und vom unterliegenden Bindegewebe gebildet wird. Die Zelloberfläche kann Cilien tragen (Flimmerepithelien). Einschichtiges Plattenepithel ist aufgrund seiner Baueigenschaften zum Stoffaustausch geeignet und ist daher als respiratorisches Epithel z. B. auf Fischkiemen zu finden. Dem einschichtigen Plattenepithel sind die Endothelien und Mesothelien (Abb. 22b) vergleichbar. Dies sind extrem flache einschichtige Epithelien, bei denen der Zellkern einen größeren Durchmesser haben kann als die Zelle hoch ist. Endothelien kleiden das Blutgefäß-bzw. Lymphgefäßsystem aus; im Extremfall wird eine Blutkapillare von nur einer Epithelzelle gebildet, die rundgebogen mit sich selbst Kontakt aufgenommen hat. Mesothel kleidet z. B. die Pericardhöhle aus.

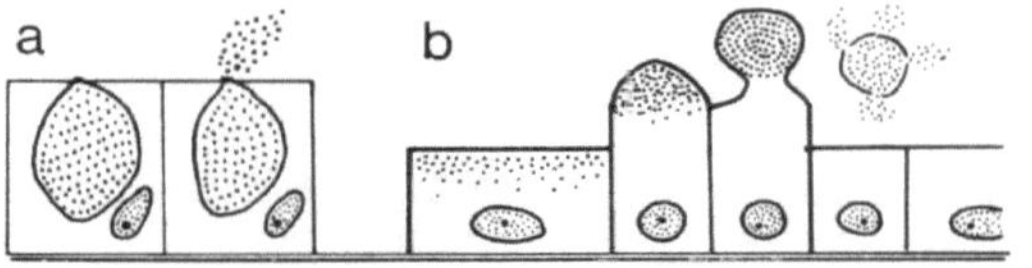

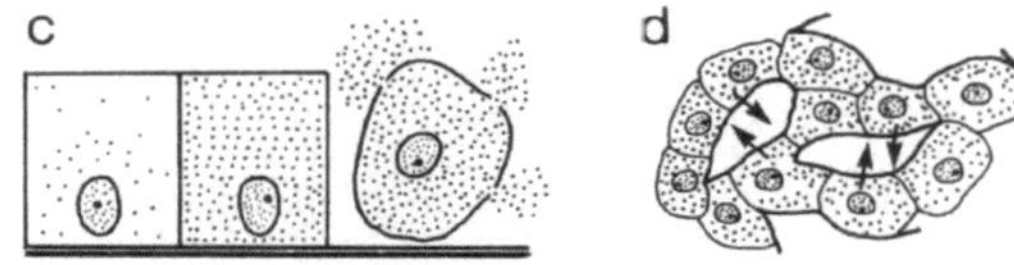

Abb. 23: Die verschiedenen Sekretionsmodi.

a = merokrin, b = apokrin, c = holokrin, d = endokrin.

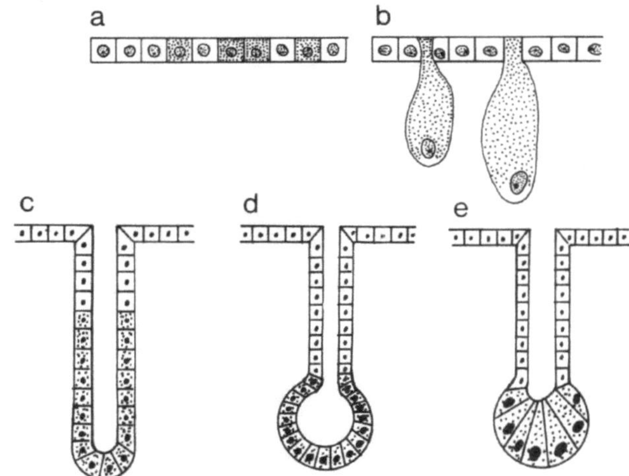

Abb. 24: Drüsentypen.

a = intraepithelial, b = ausgelagert intraepithelial, c = tubulär, d = alveolär, e = acinös (c, d und e sind extraepitheliale Drüsen.

Beim mehrschichtigen Plattenepithel (Abb.22c) trifft die Definition nur für die peripheren Zellen zu. Über einer Basalmembran liegt eine Schicht rundlich-polygonaler, teilungsfähiger Zellen, die die Keimschicht (Stratum germinativum) bilden.Sie teilen sich und bilden so fließbandartig übereinander mehrere Zellagen, die sich zur Peripherie hin immer mehr abflachen. Die äußere Zellschicht wird durch mechanische Belastung oder Zelltod immer wieder abgestoßen, so daß sich das Epithel von der Keimschicht her permanent erneuert. Die bei den Landwirbeltieren extrem bedeutungsvollen Verhornungen der peripheren Schichten dieses Epitheltyps spielen bei den Teleosteern eine nur untergeordnete Rolle. Mehrschichtiges Plattenepithel findet sich -in Kombination mit Drüsenzellen- bei Fischen als Körperbedeckung.

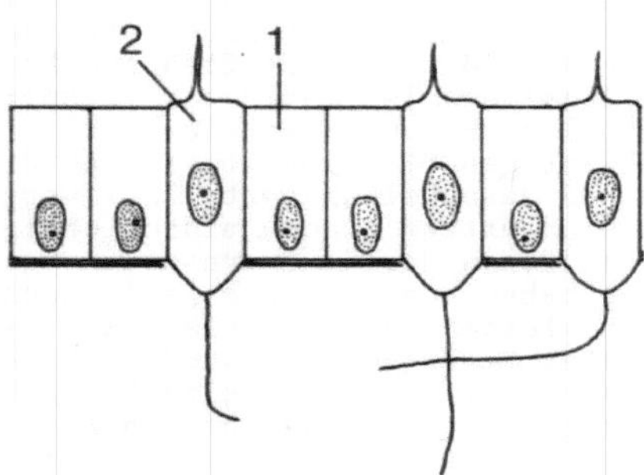

Abb. 25: Sinnesepithel.

1 = nicht sensorische Epithelzellen (Stützzellen), 2 = Sinneszellen.

Beim isoprismatischen Epithel (Abb. 22d) sind die Zellen im Idealfall im Querschnitt quadratisch und der Kern liegt zentral. Es kommt bei Teleosteern nur in einschichtiger Form vor und ist bei bestimmten Funktionszuständen in Schilddrüsenfollikeln oder in Nierentubuli zu finden. Exakt isoprismatisches Epithel ist selten, so daß dieser Terminus eher Übergangsformen zwischen dickerem Plattenepithel und Epithelien, deren Zellen höher als breit sind, beschreibt. Der letzgenannte Typ ist das hochprismatische Epithel (Abb. 22e), das vorwiegend in einschichtiger Form und in Verbindung mit Drüsenzellen bei Telosteern auftritt. Ein typisches Beispiel für ein hochprismatisches Epithel ist die innere Auskleidung des Dünndarmes. Die Übergänge zwischen den beschriebenen Epitheltypen sind gleitend. Es wird daher in der Literatur häufig vorgeschlagen, "platte" Epithelien lediglich gegen "prismatische" abzugrenzen.

Drüsenepithelien sind Epithelien, die aus Zellen mit sekretorischer Aktivität gebildet werden oder zumindest zahlreiche Drüsenzellen enthalten. Bezüglich der Art der Sekretion unterscheidet man drei Modi. Bei der merokrinen Sekretion (Abb. 23a) enthält die Drüsenzelle eine große Sekretvakuole, die über einen Porus das Sekret entläßt. Apokrine Sekretion (Abb. 23b) liegt vor, wenn sich am Apex der Zelle, also in dem dem basalen Kern gegenüberliegenden Zellteil, Sekretgranula ansammeln und sich dieser dann von der Zelle ablöst und zerfällt. Hierbei wird das Sekret frei. Bei der holokrinen Sekretion löst sich eine Sekretgranula enthaltende Zelle vollständig aus dem Gewebsverband und entläßt beim Zerfall ihren Inhalt (Abb. 23c). Diese Modi der Abgabe von Substanzen in die Umgebung oder in Organhöhlen nennt man exokrine Sekretion. Im Gegensatz hierzu gibt es noch eine endokrine Sekretion, bei der in der Regel die von den Zellen gebildeten Stoffe intrazellulär gespeichert und dann direkt in die Blutbahn abgegeben werden (Abb. 23d). Liegen Drüsenzellen einzeln oder als Drüsenepithel in einem Epithel anderer Funktion, spricht man von intraepithelialen Drüsen (Abb. 24a). Sind einzelne Drüsenzellen so groß, daß sie aus dem Gewebsverband herausragen, nennt man sie ausgelagert intraepitheliale Drüsenzellen (Abb. 24b). Werden geschlossene Drüsenepithelien aus dem Epithel anderer Funktion unter diese verlagert, liegen extraepitheliale Drüsen vor. Diese können tubulär (Abb. 24c), alveolär (Abb. 24d), acinös (Abb. 24e), aber auch gemischt, verzweigt oder unverzweigt vorkommen. Nach der chemischen Natur der Sekrete unterscheidet man seröse (eiweißproduzierende), muköse (polysaccharidhaltige Substanzen produziende) und gemischte (mukös-seröse) Drüsen.

Bei den Sinnesepithelien (Abb. 25) liegen zwischen Deckepithelzellen Elemente des Nervengewebes, die an späterer Stelle besprochen werden. Sie dienen der Aufnahme von Umweltreizen.

Ad 2.: Das Bindegewebe hat seinen Namen deshalb, weil es Organe umhüllt und verbindet oder in Organen Trennwände (Septen) bildet. Das Stützgewebe hingegen stützt Organe ab und bildet das Skelett des Organismus. Beiden ist gemeinsam, daß sie im strengen Sinne der o.a. Definition keine "richtigen" Gewebe sind. Sie bestehen nämlich aus Zellen und einem wesentlich höheren Anteil an zwischenzelliger Substanz als z.B. die Epithelien. Außerdem haben sie gleichartige Grundsubstanzen, nämlich Kittsubstanz und Fasern, wobei beim Knochen zusätzlich Mineralstoffe eingelagert werden.

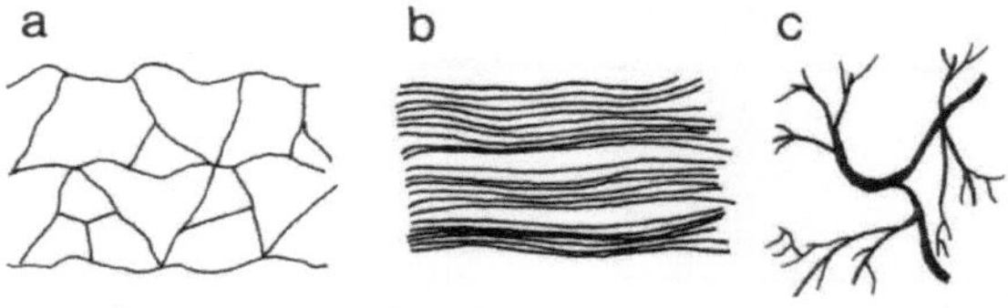

Abb. 26: Bindegewebsfasertypen.

a = retikuläre Fasern (Gitterfasern), b = kollagene Faserbündel, c = elastische Fasern.

Die Zellen des Binde- und Stützgewebes sind sehr vielfältig und können hier nicht im einzelnen besprochen werden. Allgemein unterscheidet man freie und fixe Zellen. Zu den erstgenannten gehören u. a. auch die Lymphocyten, die zusammen mit den Blutzellen auf den Tafeln XVII bis XXII erläutert werden. Die Fasern des Bindegewebes werden von Bindegewebszellen gebildet. Grundsätzlich existieren drei verschiedene Typen von Fasern: retikuläre, kollagene und elastische. Die erstgenannten werden von Retikulumzellen gebildet. Sie bilden Netze um Zellen und Organe und kommen auch in der Substanz von Basalmembranen vor. Man nennt sie auch Gitterfasern (Abb. 26a) oder argyrophile Fasern. Den letztgenannten Namen verdanken sie ihrer Eigenschaft, sich mit Silbersalzen anzufärben. Retikuläre Fasern werden mit der AFG-Färbung nicht dargestellt. Sie bestehen aus Protein und sind von einer Mucopolysaccharidhülle umgeben. Die kollagenen Fasern bilden den Hauptbestandteil des Bindegewebes. Sie werden von Fibroblasten gebildet, die eine aus Protein bestehende Vorstufe, das Tropokollagen produzieren, wobei jeweils drei helixartig gewundene Moleküle über Wasserstoffbrücken miteinander verknüpft sind. Mehrere solcher Komplexe lagern sich zur Bildung einer Kollagenfibrille an- und nebeneinander. Mehrere Fibrillen bilden dann so die lichtmikroskopisch erkennbaren Kollagenfasern, die eigentlich Fibrillenbündel darstellen. Diese liegen -je nach der Art ihres "Einsatzes"- mehr oder weniger enggepackt und leicht gewellt meist parallel nebeneinander. Sie sind unverzweigt (Abb. 26b) und können durch Kittsubstanz miteinander verklebt sein.Im "fertigen" kollagenen Bindegewebe werden die aktiven Fibroblasten höchstwahrscheinlich zu ruhenden Fibrocyten, die zwischen den Faserbündeln liegen. Kollagene Fasern sind sehr zugfest und nur zu ca.

8% dehnbar. Elastische Fasern sind hingegen sehr dehnbar (bis zur doppelten Länge) und sind verzweigt. Auch hier sind die eigentlichen Proteinfasern von Polysaccharidhüllen umgeben, die lichtmikroskopisch unterschiedliche Faserdurchmesser erkennen lassen (Abb. 26c). Die elastische Substanz kann auch in Form von dichten Netzen und Membranen auftreten. In der AFG-Färbung werden die kollagenen Fasern charakteristisch grün und die elastische Substanz violett dargestellt. Die Unterscheidung zwischen zellreichen und faserreichen Bindegeweben ist im vorliegenden Fall ohne Relevanz; die Kenntnis der Fasertypen reicht zur Identifizierung der Bindegewebstypen voll aus.

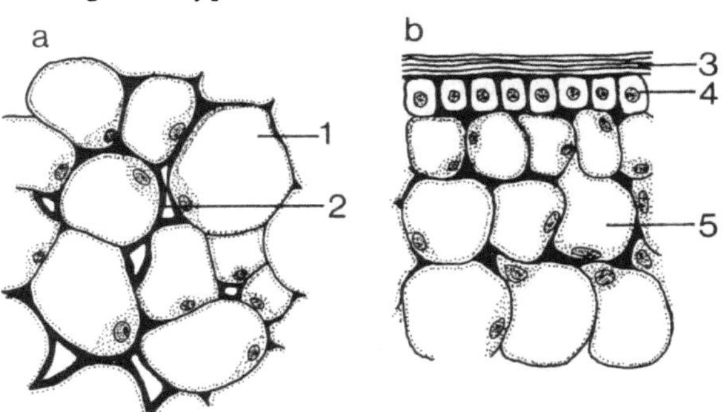

Abb. 27: Univakuoläres Fettgewebe (a) und Chordagewebe (b).

1 = Lipocyten, 2 = Blutkapillare, 3 = Chordascheide, 4 = Chorda-Bildungszellen, 5 = Chordazellen.

Auch die Zellen des Fettgewebes sind fixe Bindegewebszellen. Sie entstehen aus Fibroblasten und werden Lipocyten genannt. Hier ist nur ein Typ des Fettgewebes, nämlich das univakuoläre, von Bedeutung. Wie der Name sagt, enthalten die Lipocyten im Cytoplasma eine einzige große lipidgefüllte Vakuole, die allerdings durch die Verschmelzung mehrerer kleiner entsteht. Hierdurch rückt der Zellkern extrem an die Peripherie der Zelle. Fettgewebe ist ein Speichergewebe und enthält zahlreiche Kapillaren (Abb. 27a). Grundsätzlich kann man Fettgewebe auch Stützfunktionen zuschreiben; manche Autoren rechnen es daher zum zellreichen Stützgewebe. Zu diesem gehört auch das Chordagewebe (Abb. 27b). Seine Bausteine, die Chordazellen, ähneln morphologisch den Lipocyten, doch ist die große Vakuole hier prall mit wässriger Flüssigkeit gefüllt. Sie sind in eine bindegewebige Hülle, die Chordascheide, eingeschlossen, so daß ein stützender elastischer Stab entsteht.

Dem zellreichen Stützgewebe steht das grundsubstanzreiche Stützgewebe gegenüber. Man unterscheidet hier zwei Typen: Knorpel und Knochen. Beim Knorpel liegen eine oder mehrere Knorpelzellen, Chondrocyten, in einer Knorpelhöhle und bilden ein "Territorium". Sie scheiden eine homogene chondroitinsulfat- und hyaluronsäurehaltige Kittsubstanz ab, die die darin eingelagerten kollagenen Faserbündel maskiert. Um die Chondrocyten ist die Knorpelgrundsubstanz oft konzentrisch anders angefärbt als die in den Zwischenräumen. Man nennt diese Zonen "Knorpelhöfe". Die Gesamtheit der von einem Territorium abgeschiedenen Knorpelsubstanz heißt "Interritorialsubstanz". Die Einheit eines Territoriums mit der von ihm gebildeten Interterritorialsubstanz gilt als Grundbaueinheit des Knorpels, das "Chondron". Eine andere Terminologie, die verbreitet in der medizinischen Literatur gebraucht wird, setzt den Knorpelhof synonym mit dem Territorium und bezeichnet die restliche, umliegende Grundsubstanz als Interterritorialsubstanz. Knorpelgewebe enthält keine Blutgefäße und wird von einer umgebenden, sakularisierten Bindegewebsschicht, dem Perichondrium, ver- und entsorgt. Der verbreitetste Knorpeltyp ist der hyaline Knorpel, dessen Grundsubstanz,

abgesehen von der Hofbildung, homogen erscheint (Abb. 28a). Die beiden anderen bei Wirbeltieren vorkommenden Typen, der elastische Knorpel (zahreiche in die Grundsubstanz eingelagerte elastische Fasern) und der Faserknorpel (mächtige kollagene Faserbündel in relativ wenig Grundsubstanz) sollen hier lediglich der Vollständigkeit halber erwähnt werden.

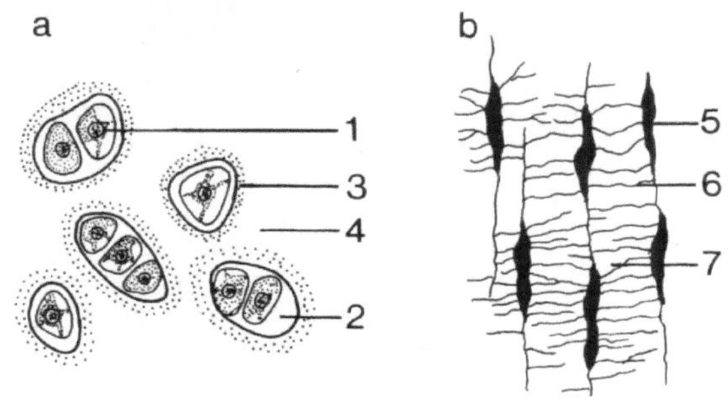

Abb. 28: Bauprinzipien von Knorpel (a) und Knochen (b).

1 = Chondrocyte, 2 = Knorpelhöhle, (1 und 2 bilden ein Territorium), 3 = Knorpelhof, 4 = Interterritorialsubstanz (Ein Territorium und die von diesem gebildete Interterritorialsubstanz sind ein Chondron), 5 = Osteocytenhöhle, 6 = Knochenkanälchen mit Cytoplasmaausläufern, 7 = extrazelluläre Knochensubstanz.

Knochen wird von Knochenzellen, Osteocyten, gebildet. Typischerweise scheiden diese im Frühstadium der Knochenbildung als Osteoblasten um sich herum eine Grundsubstanz, das Osteoid, ab. Dieses besteht aus Mucopolysacchariden und Glycoproteiden, in welche kollagene Faserbündel eingelagert sind. Bei der Ausbildung zu Osteocyten werden die dicht liegenden Osteoblasten durch die Grundsubstanz auseinandergedrängt, wobei sie aber mit verzweigten Ausläufern miteinander verbunden bleiben (Abb. 28b). So entsteht ein cytoplasmatisches Netzwerk. Die Mineralisierung des Knochens erfolgt durch Inkrustierung der kollagenen Faserbündel mit Mineralien, vorwiegen Kalziumphosphat in Form von Hydroxylapatit. Knochen wird in der Regel zuerst als Geflechtknochen mit relativ ungeordneten Faserbündeln gebildet, der dann durch solchen mit lamellär geordneten, den Lamellenknochen, ersetzt wird. Dieser tritt bei höheren Wirbeltieren in extrem komplizierten Konstruktionsprinzipien auf, die bei Fischen nicht vorkommen. Grundsätzlich kann festgehalten werden, daß bei Teleosteern zwei Knochentypen vorkommen: zellulärer Knochen, der dem beschriebenen Typ entspricht und bei phylogenetisch niedriger stehenden Ordnungen, also auch bei den Salmoniformes, vorkommt und azellulärer, also zellfreier Knochen. Knochen ist kein statisches Gebilde. Er unterliegt vielmehr extrem dynamischen Umbauprozessen. Die Prinzipien der Knochenbildung werden auf Tafel II erläutert. Knochen enthält im Gegensatz zu Knorpel Blutgefäße.

Ad 3.: Das Muskelgewebe ist physiologisch durch seine Fähigkeit zur Kontraktion charakterisiert. Histologisch lassen sich bei Teleosteern, wie auch bei allen anderen höheren Wirbeltieren, drei Typen von Muskulatur unterscheiden: glatte Muskulatur, quergestreifte Muskulatur und Herzmuskulatur. Die Grundeinheit des erstgenannten Gewebes ist die glatte Muskelzelle (Abb. 29a). Sie ist langgestrecktspindelförmig, hat einen zentral liegenden Kern und enthält mit dem Lichtmikroskop nicht sichtbare kontraktile Elemente, die Myofilamente. Glatte Muskulatur findet sich im Gastrointestinaltrakt, Gefäßwänden und -seltener- in Drüsen.

Im Gegensatz zur glatten Muskelzelle ist die Grundeinheit der quergestreiften Muskulatur, die die Hauptmasse der Körpermuskulatur ausmacht, ein vielkerniges Gebilde, die quergestreifte Sklelettmuskelfaser. Sie stellt ein langgestrecktes Plasmodium dar, in dem die Kerne peripher liegen. Im Cytoplasma, welches auch Sarcoplasma genannt wird, liegen die lichtmikroskopisch nicht sichtbaren Myofilamente in Myofibrillen angeordnet. Durch überlappende und überlappungsfreie Zonen entstehen unterschiedliche Lichtbrechungsverhältnisse, die in einer im Längsschnitt charakteristischen lichtmikroskopisch sichtbaren Querstreifung resultieren (Abb. 29b). Die Skelettmuskelfaser ist von ei-

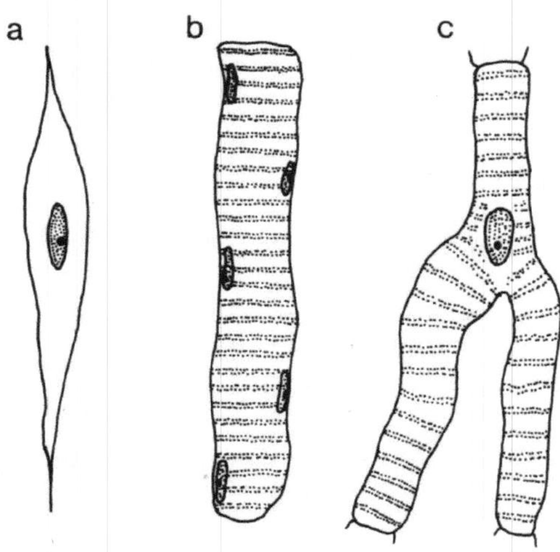

Abb. 29: Die Bausteine der glatten (a), quergestreiften (b) und Herzmuskulatur (c)

ner dünnen Membran, dem Sarcolemm, umgeben. Der dritte Muskeltyp, die Herzmuskulatur, ist ebenfalls quergestreift. Die Grundeinheit dieses Gewebetyps ist aber eine Zelle mit zentral liegendem Kern. Diese ist verzweigt und bildet mit anderen Herzmuskelzellen ein Netzwerk (Abb. 29c). Glatte und Herzmuskulatur sind im Gegensatz zur quergestreiften Skelettmuskulatur nicht "willentlich" beeinflußbar; man spricht daher in Analogie zu der bei höheren Wirbeltieren gebrauchten Terminologie auch von unwillkürlicher und willkürlicher Muskulatur.

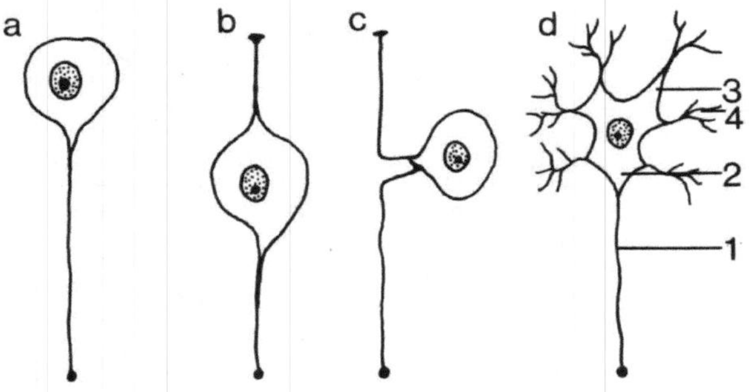

Abb. 30: Neuronentypen.

        a = unipolares Neuron, b= bipolares Neuron, c = pseudounipolares Neuron, d = multipolares Neuron.
1 = Axon, 2 = Axonhügel, 3 = Perikaryon, 4 = Dendrit(en).

Ad 4.: Die Grundeinheit des Nervengewebes ist das Neuron. Dieses ist physiologisch durch seine Fähigkeit zur Bildung und Weiterleitung elektrischer Potentiale charakterisiert. Es besteht aus einem Zellkörper, dem Perikaryon und dem Zellkern sowie in der Regel aus mindestens einem fortleitenden Ausläufer, dem Axon. Dieser

Typ wird unipolares Neuron genannt (Abb. 30a). Kommt ein zuleitender Fortsatz, ein Dendrit, hinzu, liegt ein bipolares Neuron vor (Abb. 30b). Wenn Axon und Dendrit nahe beieinander dem Perikaryon entspringen, eine gewisse Strecke parallel verlaufen und erst dann in verschiedene Richtungen ziehen, spricht man von einem pseudounipolaren Neuron (Abb. 30c). Ziehen mehrere Dendriten zum Perikaryon, spricht man von einem multipolaren Neuron (Abb. 30 d). Grundsätzlich kann man vier Neuronen-Untertypen festlegen, die sich in der Zellform, der Länge des Axons und der Ausrichtung der Dendriten unterscheiden. Als Ausnahme existiert hierbei sogar ein Typ, welcher kein Axon besitzt und als amakrine Zelle in der Retina des Auges vorkommt. Der Zellkern von Nervenzellen ist in der Regel sehr groß und enthält einen deutlich sichtbaren Nucleolus. Das Cytoplasma läßt häufig streifige Strukturen, die Nissl-Substanz oder Tigroidsubstanz, erkennen (endoplasmatisches Retikulum). Den Übergang zwischen Axon und Perikaryon bildet eine Cytoplasmaprotrusion, der Axonhügel.

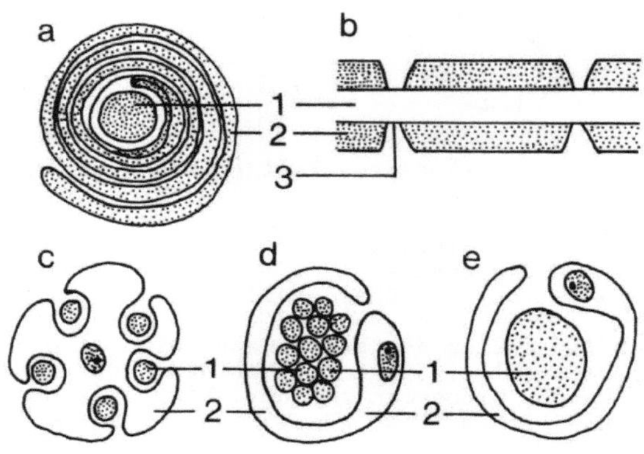

Abb. 31: Die Beziehungen zwischen Axonen und Schwann'schen Zellen.

        a = markhaltiges Axon (quer), b = dto. (längs). c, d, e = marklose Axontypen (quer).
1 = Axon, 2 = Schwann'sche Zelle, 3 = Ranvier'scher Schnürring.

Die Axone können makroskopische Dimensionen erreichen. Sie sind in der Regel von sog. Nervenscheiden umgeben, die von speziellen Zellen des noch zu besprechenden Gliagewebes gebildet werden. Man unterscheidet markhaltige Nervenfasern ohne Schwann'sche Scheide, markhaltige Nervenfasern mit Schwann'scher Scheide, marklose Nervenfasern mit Schwann'scher Scheide und marklose Nervenfasern ohne Schwann'sche Scheide. Der Ausdruck "Nervenfaser" wird hier gebraucht, da die Scheiden nicht nur Axone umhüllen, sondern auch Dendriten peripherer sensibler Neuronen. Der erstgenannte Typ (markhaltig ohne Schwann'sche Scheide) stellt die Hauptfasermasse im Gehirn, im Rückenmark und im N. opticus (bis zum Augeneintritt) dar. Die Fasern werden hier von Oligodendrogliazellen, die später noch besprochen werden, umgeben. Der zweite Typ (markhaltig mit Schwann'scher Scheide) repräsentiert den größten Teil peripherer somatischer Nerven. Hier "umwickelt" eine Schwann'sche Zelle spiralig ein Axon, wo durch eine konzentrische Schichtung von Protein-und und Lipidlamellen entsteht, die man etwas irreführend als "Nervenmark" bezeichnet (Abb. 31a). Je nach Anzahl der Windungen werden "markarme" und "markreiche" Nervenfasern unterschieden. Die Schwann'schen Zellen überziehen die Fasern nicht lückenlos, sondern lassen die sog. "Ranvier'schen Schnürringe" (Abb. 31b) frei; dieses Bauprinzip ermöglicht eine saltatorische Reizleitung. Der größte Teil der Fasern des vegetativen Nervensystems besteht aus marklosen Fasern mit Scheide. Auch hier umhüllen Schwann´sche Zellen Axone, wobei eine Zelle mehrere (Abb. 31c,d) oder nur eine Faser (Abb. 31e) einschließt. Scheidenlos-marklose Fasern, auch "nakte" Fasern genannt, treten als Anfangs-oder Endstücke solcher mit Scheiden auf, aber auch im Gehirn und in der Retina des Auges. Axone enden in synaptischen Endbläschen an anderen Elementen des Nervensystems (interneuronale Synapsen) oder als motorische Endplatten an Muskulatur (myoneuronale Synapsen).

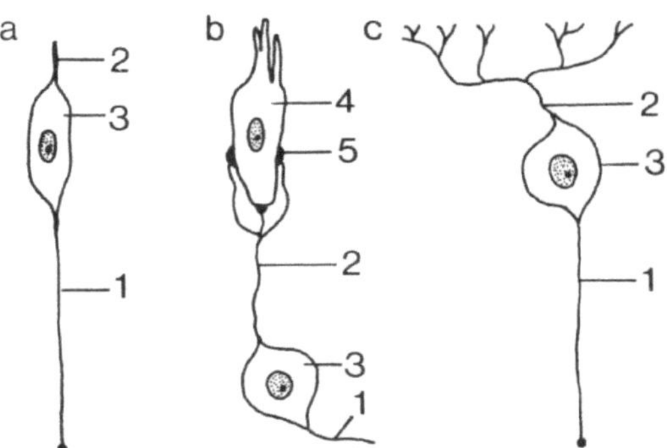

Abb. 32: Sinneszelltypen.

    a = primäre Sinneszelle, b = sekundäre Sinneszelle, c = Sinnesnervenzelle.
1 = Axon, 2 = Dendrit, 3 = Perikaryon, 4 = modifizierte Epithelzelle, 5 = Synapse.

Zur Reizaufnahme dienen Sinneszellen oder freie Dendritenendigungen im Gewebe. Eine primäre Sinneszelle ist in der Regel ein ursprünglich bipolares Neuron, dessen Dendrit reduziert wurde (Abb. 32a). Sekundäre Sinneszellen sind im Gegensatz hierzu modifizierte Epithelzellen, die als reizaufnehmende Strukturen speziell adaptiert sind. Sie stehen in synaptischem Kontakt mit den Dendriten eines nachgeschalteten sensiblen Neurons (Abb. 32b). Die freien Nervenendigungen sind ebenfalls Dendriten eines sensiblen Neurons, welches auch Sinnesnervenzelle genannt wird (Abb. 32c). Die Stäbchen und Zapfen in der Retina des Auges sind stark modifizierte primäre Sinneszellen.

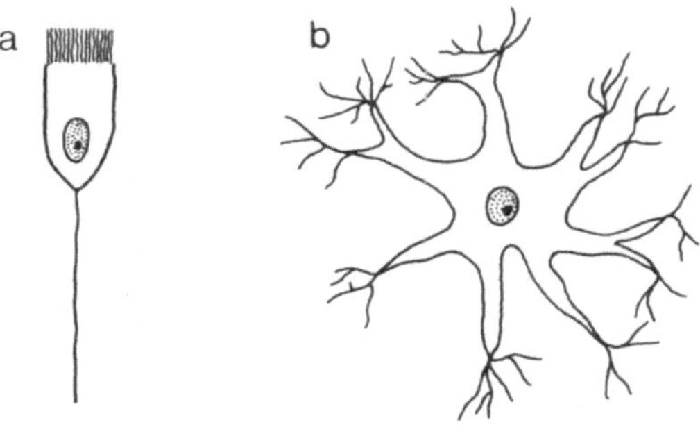

Abb. 33: Gliazelltypen.

    a = Ependymzelle, b = Oligodendrocyte (Makroglia).

Das bereits angesprochene Gliagewebe ist eine Art "Bindegewebe des Nervensystems", geht aber in seiner Funktion sicherlich weit darüber hinaus. Zu ihm gehören außer den bereits erwähnten Schwann´schen Zellen und Oligodendrogliazellen (Oligodendrocyten) noch die Astrocyten und die Ependymzellen. Letztere bilden die Auskleidung der Hirn- und Rückenmarkslumina. Sie sind zu den Ventrikeln hin bewimpert und tragen am entgegengesetzten Zellpol lange Fortsätze (Abb. 33a). Oligodendro- und Astrocyten sind verzweigte Zellen mit vielen Fortsätzen (Abb.33b).

Grundsätzlich sind alle Elemente des Nervensystems mit normalen histologischen Färbungen nicht optimal erfaßbar. Es sind hierzu spezielle Verfahren, vorwiegend Silber- und Goldimprägnierungen, notwendig, die sehr aufwendig sind und deren Beschreibung sowie Applikation weit über den disponierten Rahmen dieser Schrift hinausgehen würde. Die AFG-Färbung ist wohl diejenige der gängigen Standardfärbungen, die das Nervengewebe noch am besten darstellt und sie sollte daher für nicht speziell neuroanatomische Studien als Übersichtsfärbung ausreichen.

FÄRBEVORSCHRIFTEN

A. ALDEHYDFUCHSIN-GOLDNER-FÄRBUNG

I. LÖSUNGEN:

1. Oxidationsgemisch:

```
Kaliumpermanganat.....................0,5  g
Aqua dest...........................140,0 ml
5%-ige Schwefelsäure.................20,0 ml
```
(Die Schwefelsäure darf erst unmittelbar vor Gebrauch zugesetzt werden, da die Lösung instabil ist !).

2. Reduktionsmittel:

```
Natriummetabisulfit...................6,0  g
Aqua dest...........................200,0 ml
```

3. Aldehydfuchsin-Stammlösung:

```
Aldehydfuchsin........................1,5  g
70%-iges Ethanol....................200,0 ml
```

4. Aldehydfuchsin-Gebrauchslösung:

```
Stammlösung..........................50,0 ml
70%-iges Ethanol....................150,0 ml
96-98%-ige Essigsäure................2,0 ml
```
Die Gebrauchslösung ist mehrere Wochen haltbar.

5. Hämatoxylinlösung (WEIGERT):

Stammlösung A:

```
Hämatoxylin (dunkel)..................2,0  g
95%-iges Ethanol....................200,0 ml
```

Stammlösung B:

```
Eisen-III-Chlorid.....................2,3  g
Aqua dest...........................200,0 ml
25%-ige Salzsäure.....................2,0 ml
```

Zum Gebrauch werden die Stammlösungen A und B zu gleichen Teilen gemischt. Nach einer "Reifung" von 1 - 2 Tagen ist die Gebrauchslösung etwa 10 Tage haltbar.

6. Säurefuchsin-Ponceau-Azophloxin-Lösung:

MASSON Stammlösung A:

```
Ponceau de Xylidine...................1,0  g
Aqua dest...........................100,0 ml
96-98%-ige Essigsäure.................1,0 ml
```

MASSON Stammlösung B:

```
Säurefuchsin..........................1,0  g
Aqua dest...........................100,0 ml
96-98%-ige Essigsäure.................1,0 ml
```

MASSON-Gebrauchslösung:

MASSON-Stammlösung A.....................75,0 ml
MASSON-Stammlösung B.....................25,0 ml

Azophloxin-Lösung:

Azophloxin...............................0,5 g
Aqua dest..............................100,0 ml
96-98%-ige Essigsäure.....................0,2 ml

Endgebrauchslösung:

MASSON-Gebrauchslösung..................20,0 ml
Azophloxin-Lösung........................4,0 ml
Aqua dest..............................176,0 ml
96-98%-ige Essigsäure.....................0,4 ml

7. Phosphormolybdänsäure-Orange G-Lösung:

Phosphormolybdänsäure....................5,0 g
Aqua dest..............................100,0 ml
Orange G.................................2,0 g
8. Lichtgrün-Lösung:

Lichtgrün................................0,2 g
96-98%-ige Essigsäure.....................0,2 ml

II. ARBEITSGANG:

1. Entparaffinieren.
2. Absteigende Alkoholreihe bis in 70%-iges Ethanol.
3. 2 Minuten in Aqua dest., insgesamt 4 x wiederholen.
4. 2 Minuten in Oxidationsmittel (Die Schnitte müssen sich dunkelbraun anfärben).
5. In Reduktionslösung bis die braunen Schnitte entfärbt sind.
6. Mehrfach mit Aqua dest. spülen.
7. Mit 70%-igem Ehtanol spülen.
8. 5 Minuten in Aldehydfuchsin-Gebrauchslösung.
9. 1 Minute in 70%-iges Ethanol; 1 x wiederholen.
10. 1 Minute in Aqua dest.; 1 x wiederholen.
11. 2 bis 3 Minuten Hämatoxylin-(WEIGERT)-Gebrauchslösung.
12. 10 Minuten in fließendem Leitungswasser bläuen.
13. 30 Minuten in Säurefuchsin-Ponceau-Azophloxin-Gebrauchslösung.
14. 1 Minute in 1%-ige Essigsäure; insgesamt 3 x wiederholen.
15. 30 Sekunden in Phosphormolybdänsäure-Orange-G-Lösung.
16. 1 Minute in 1%-ige Essigsäure; insgesamt 3 x wiederholen.
17. 2 Minuten in Lichtgrün-Lösung.
18. 5 Minuten in 1%-ige Essigsäure.
19. Kurz in abs. Isopropylalkohol abspülen.
20. 5 Minuten abs. Isopropylalkohol; insgesamt 2 x wiederholen.
21. Bei Verwendung von EUPARAL direkt eindekken, bei anderen Einbettmedien:
21. 5 Minuten in Xylol; insgesamt 2 x wiederholen.
22. Eindecken.

III. FÄRBEERGEBNIS:

Die hier wiedergegebene Färbevorschrift wird seit mehreren Jahren in der AG für vergleichende Endokrinologie der Ruhr-Universität Bochum mit den angegebenen Zeiten verwendet und erbringt -besonders nach Fixierung mit BOUIN'scher Flüssigkeit- sehr gute Färbeergebnisse.

Kerne: braun-schwarz; Nukleolen: rot; Cytoplasma: rosa-violett; Muskulatur: rot; Knorpel: hellgrün bis tief violett, je nach Typ; Knochen: grün (juvenil) oder rot (adult); Dentin: grün; kollagenes Bindegewebe: grün; elastisches Bindegewebe: violett; Neurosekret: violett; muköse Drüseninhaltsstoffe: hellviolett; seröse Drüseninhaltsstoffe: orange-rot; Erythrocyten: orange-rot; Nervengewebe: grünlich-violett (juvenil), hell bis dunkel violett (adult); Dotter: rot.

B. PANOPTISCHE FÄRBUNG NACH PAPPENHEIM

I. Lösungen:

1. MAY-GRÜNWALD-LÖSUNG:

Lösung A:

Eosin....................................1,0 g
Aqua dest.............................1000,0 ml

Lösung B:

Methylenblau.............................1,0 g
Aqua dest.............................1000,0 ml

Herstellung des Farbstoffes:

Lösung A und B zu gleichen Teilen mischen und mehrere Tage stehen lassen. Der sich bildende Niederschlag wird über eine Nutsche abfiltriert und mit kaltem Aqua dest. so lange gewaschen, bis das Filtrat ungefärbt bleibt. Der Farbstoff wird anschließend getrocknet.

Gebrauchslösung:

Gesättigte Lösung des Farbstoffes in Methanol.

2. GIEMSA-Gebrauchslösung:

GIEMSA-Stammlösung (kommerziell)........100 Tr.
Aqua dest.(pH 7,2)......................100 ml

II. ARBEITSGANG:

1. Lufttrockene Blutausstriche auf Färbebank 3 Minuten mit MAY-GRÜNWALD-Lösung überschichten (2 - 3 ml pro Objektträger).

2. Der Färbelösung auf den Objektträgern 2 - 3 ml Aqua dest. pH 7,2 beifügen und 1 Minute einwirken lassen.

3. Abgießen der Farblösung (nicht abspülen !) und 15 - 20 Minuten mit GIEMSA-Gebrauchslösung auf Färbebank oder in Küvette färben.

4. Abspülen mit Aqua dest. pH 7,2 (von der Seite mittels Spritzflasche).

5. Trocknen der Präparate an der Luft in senkrechter Stellung.

III. FÄRBEERGEBNIS:

Kerne: rot - violett; Cytoplasma lymphoider Zellen: lichtblau; neutrophile Granula: bräunlich - bläulich - rosa; eosinophile Granula: bräunlich - orange - ziegelrot; Erythrocyten: rosa; Cytoplasma unreifer Erythrocyten: bläulich; Cytoplasma der Spindelzellen: hyalin.

INTEGUMENT

Das Integument der Regenbogenforelle folgt in seinem Aufbau dem allgemeinen Prinzip der Wirbeltiere: es besteht aus zwei Schichten. Die äußere, die Epidermis, ist ektodermaler Herkunft und besteht aus mehreren Lagen unverhornter Zellen, welche von einer basalen teilungsfähigen "Keimschicht" (Stratum germinativum) fortlaufend neu gebildet wird. Letztere wird von der unter der Epidermis liegenden zweiten Schicht, dem Corium, durch eine dünne Schicht extrazellulärer Substanz, der Basalmembran (Basallamina, "Glashaut") abgegrenzt. Diese ist -im Gegensatz zu älteren Vorstellungen- höchstwahrscheinlich eine Bildung des Coriums. Letzeres besteht vorwiegend aus kollagenem Bindegewebe und ist mesodermalen Ursprungs. In ihm werden auch die Schuppen und "Hautknochen" des Kopfes gebildet. Es enthält außerdem Blutgefäße, Nerven und Pigmentzellen.

Die primäre Funktion des Integumentes ist zweifellos die einer "schützenden Körperumhüllung", die mechanische Verletzungen unter physiologischen Bedingungen sowie das Eindringen von Krankheitserregern verhindert. Darüberhinaus hat es jedoch noch eine Reihe bedeutender, wenn auch weniger augenfälliger Funktionen, welche aber alle in den Aufgabenbereich einer "Grenzschicht zur Umwelt" fallen. Durch freie Nervenendigungen bzw. andere Sinnesorgane vermittelt es dem Organismus Informationen aus der Umwelt, es hat respiratorische Funktionen und spielt beim Osmomineralhaushalt eine wichtige Rolle. Durch die Bildung von Hautknochen bzw. Schuppen wird außerdem ein peripheres Skelett geschaffen, welches außer der schon genannten Schutzfunktion einen Anteil an der "Formgebung der äußeren Gestalt" hat, -eine Eigenschaft, die dem Integument darüberhinaus auch allgemein zukommt.

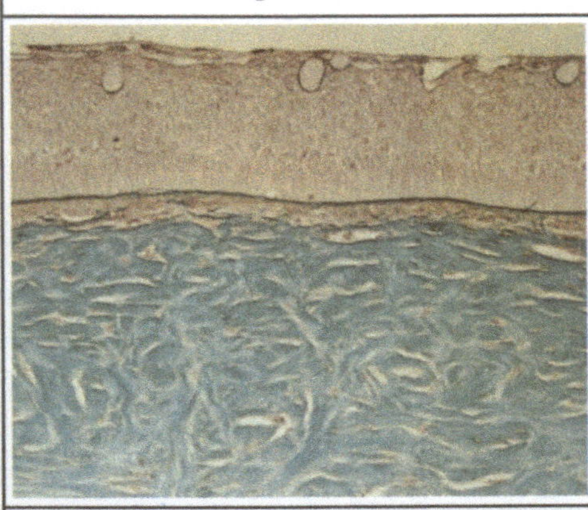

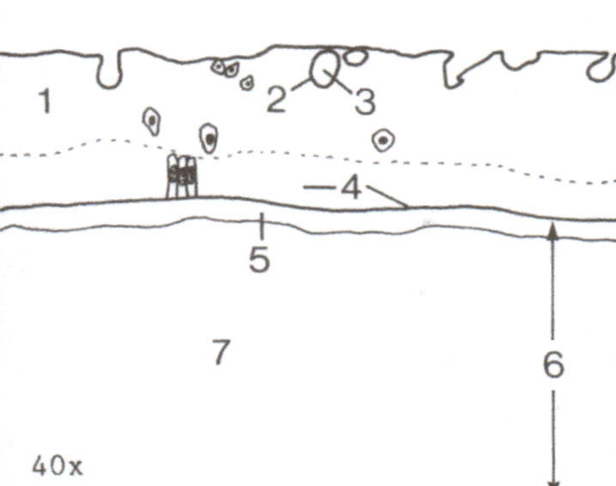

SCHUPPENLOSES INTEGUMENT AUS DER KOPFREGION: Die mehrschichtige Epidermis (1) enthält an der Peripherie Becherzellen (2), welche holokrin Schleim (3) absondern, der die gesamte Körperoberfläche überzieht. Die Keimschicht (4) besteht aus einer Lage prismatischer Zellen, die an die Basalmembran grenzen. Diese ist hier nicht erkennbar; die dunkle Linie (4) wird durch Pigmentzellen an der Peripherie des "Stratum spongiosum" (5), der äußeren, lockeren Schicht des Coriums (6), verursacht. Den Hauptteil des letzteren bildet das "Stratum compactum" (7), welches hauptsächlich aus dicht gepackten kollagenen Faserbündeln besteht.

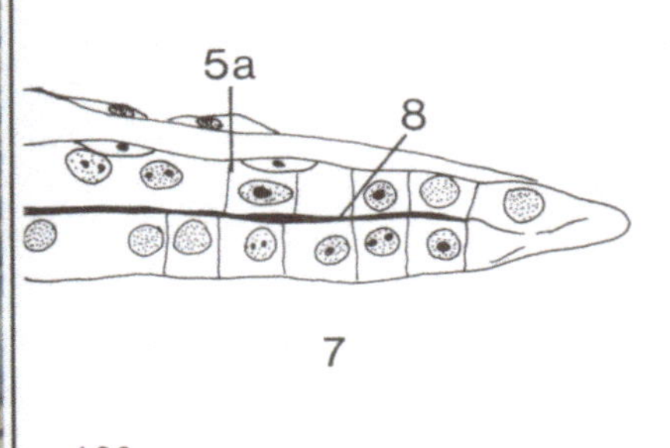

SCHUPPENANLAGE: Die Schuppenanlage (8) liegt zwischen zwei Zellschichten des Stratum spongiosum (5a), welche eine "Bildungstasche" formen. In dieser wird die "Basalplatte" der Schuppe aus dicht gepackten Lagen kollagener Fasern gebildet. In diesen liegen die Fasern streng parallel; diejenigen der nächsten Schichten verlaufen jeweils in spitzen Winkeln zu diesen. Im Laufe der späteren Entwicklung kann die Basalplatte mehr oder weniger stark calzifizieren. Die Schuppenanlage ist in die kollagenen Faserbündel des Stratum compactum (7) eingebettet.

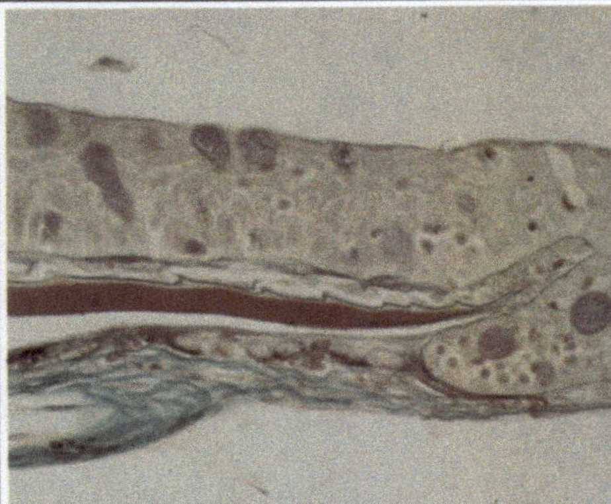

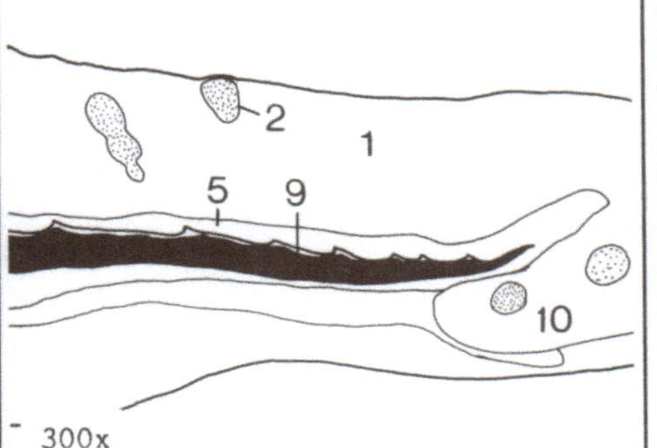

INTEGUMENT MIT SCHUPPE: Die fertig ausgebildeten Schuppen überlappen sich dachziegelartig in craniocaudaler Richtung. Auf die Basalplatte wurden inzwischen ringförmige knöcherne Leisten aufgelagert;die Schuppe (9) selbst ist von einer dünnen Stratum spongiosum-Lage (5) umgeben. Diese liegt in den mit Epidermis überzogenen Teilen an deren Basalmembran (hier nicht erkennbar). Die Epidermis (1) enthält viele Becherzellen (2); letztere finden sich auch in den Überlappungszonen, den "Schuppentaschen" (10).

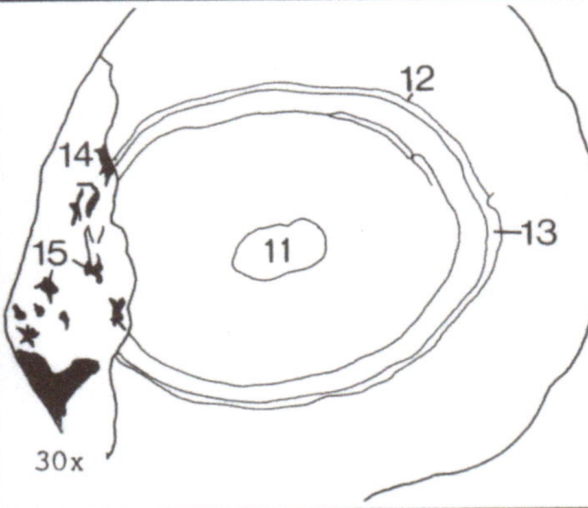

SCHUPPE (ungefärbtes Totalpräparat): Die Schuppen der Regenbogenforelle sind "Cycloidschuppen". Dieser Typ wird bei den Teleosteern als ursprünglich angesehen. Im Zentrum befindet sich der Ausgangspunkt der Leistenbildung, der "Nukleus" (11). Die konzentrisch um diesen angeordneten knöchernen Leisten (12), die "Circuli", stehen in Beziehung zum Wachstum des Tieres. Bei Wildpopulationen treten in gemäßigten Klimazonen Unregelmäßigkeiten im Abstand der Circuli, die "Annuli" (13) auf. Im Stratum spongiosum des von der Epidermis überzogenen Teiles der Schuppe (14) liegen Pigmentzellen (15).

MUSKULATUR UND SKELETT

Bei der Regenbogenforelle kommen alle drei Mukelgewebetypen der Vertebraten vor: glatte Muskulatur (z.B. im Magen-Darm-Trakt; s. Tafeln X, XI), Herzmuskulatur (s. Tafel XXXII) und quergestreifte Skelettmuskulatur. Die morphologische Grundeinheit der letzteren ist die quergestreifte Skelettmuskelfaser, ein vielkerniges Plasmodium mit Aktin- und Myosinfilamenten im Cytoplasma, welche die Kontraktilität bewirken. Der Großteil der Körpermuskulatur ist bei allen Teleosteern segmental in "Myomeren" angeordnet, die im Längsschnitt ≳-förmig erscheinen und im Körper trichter- bzw. kegelartig gebaut sind und ineinanderstecken. Sie sind jeweils durch bindegewebige "Myosepten" separiert. Zusätzlich existieren spezielle Muskeln, wie die der Augen, der paarigen und unpaaren Flossen sowie die Muskulatur des Mund- und Kiemendeckelbereiches.

Im strengen Sinne der Terminologie gehören zum Skelett neben Strukturen aus den typischen Vertebratenstützgeweben Knorpel, Knochen und Chordagewebe auch bindegewebige Anteile ("Membranskelett", z.B. Mesenterien, Knochenhäute). Das "Hartskelett" der Regenbogenforelle besteht, wie das der meisten Teleostei, aus dem "äußeren Skelett", den Schuppen (s. Tafel I), der Chorda dorsalis (Embryonal- bzw. Larvalstadien), dem "festen Achsenskelett" und dem "festen Skelett der Körperanhänge". Das Achsenskelett umfaßt den Schädel, die Wirbelsäule, die Rippen und die intermuskulären Knochen. Zum Skelett der paarigen Flossen gehören - im Gegensatz zu dem der unpaaren - zusätzlich knöcherne "Gürtel" (Brust- und Bauchflossengürtel). Die Skelettelemente bestehen bei adulten Tieren größtenteils aus Knochen, der entweder im Corium (desmal) oder durch Ersatz einer knorpeligen "Vorlage" entsteht (chondral).

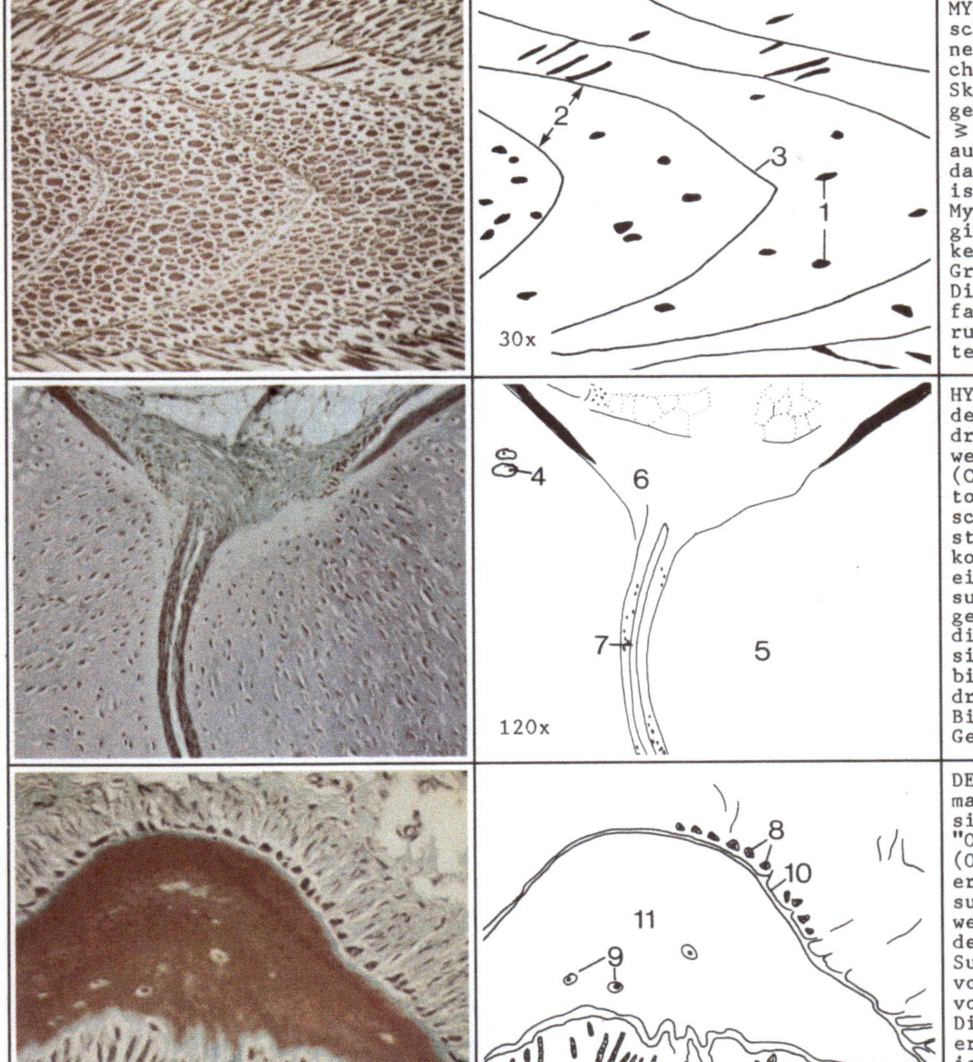

MYOMERE DES MEDIANBEREICHES: Die schwache Vergrößerung des paramedianen Sagittalschnittes zeigt zahlreiche schräg angeschnittene einzelne Skelettmuskelfasern (1). Diese liegen in "Paketen" zusammen und bilden ≳-förmige Myomere (2), von denen auf der Ausschnittvergrößerung nur das >-förmige Mittelstück zu sehen ist. Die begrenzenden bindegewebigen Myosepten (3) sind in ihrer histologischen Struktur nur schwach zu erkennen, zeigen aber deutlich die Grenzen der einzelnen Myomeren an. Die Querstreifung der Skelettmuskelfasern ist nur bei starker Vergrößerung und bei exakt parallel geführtem Schnitt erkennbar.

HYALINER KNORPEL: Die Grundeinheit des Knorpelgewebes ist das "Chondron". Dieses besteht aus dem jeweils ein bis zwei Knorpelzellen (Chondrocyten) enthaltenden "Territorium" (4), welches in der zwischenzelligen "Interterritorialsubstanz" (5) liegt. Diese besteht aus kollagenen Faserbündeln, die durch eine Chondroitinsulfat-haltige Kittsubstanz "maskiert" werden. Knorpelgewebe enthält keine Blutgefäße und die Chondrocyten werden durch Diffusion über das umhüllende bindegewebige und gefäßhaltige "Perichondrium" (6) ver- und entsorgt. Das Bild zeigt "Knorpelvorlagen" eines Gelenkes (7 = Gelenkspalt).

DESMALE KNOCHENBILDUNG: Bei der desmalen Knochenbildung differenzieren sich im Corium des Integumentes aus "Osteoblasten" (8) die Knochenzellen (Osteocyten, 9). Diese scheiden zuerst eine kohlenhydrathaltige Grundsubstanz, das "Osteoid" (10) ab, in welchem dann kollagene Fasern gebildet werden. Anschließend wird diese Substanz mineralisiert (11), indem vorwiegend Calciumphosphat in Form von Hydroxylapatit eingelagert wird. Die Osteocyten werden so "eingemauert". Dieser "zellhaltige Knochen" ist typisch für niedere Teleosteerordnungen und Tetrapoden; höhere Teleostei, wie z. B. die Perciformes, haben "azelluläre Knochen".

CHONDRALE KNOCHENBILDUNG: Bei der chondralen Ossifikation wird zuerst eine "Knorpelvorlage" (12) des späteren Knochens gebildet. An der Peripherie wird diese durch desmale Ossifikation mit einer "Knochenmanchette" (13) umgeben (perichondrale Ossifikation). Gleichzeitig dringen "Chondroklasten" (14) in den Knorpel ein, wo sie den sog. "Großzellknorpel" (15) auflösen. Eingewanderte Osteocyten (9) bilden in der entstandenen "Markhöhle" (16) Knochenbälkchen (17), die durch große vielkernige "Osteoklasten" (18) gegen den verstärkten Knochenaufbau durch Osteocyten wieder aufgelöst werden (enchondrale Ossifikation).

Tafel II: Muskulatur und Skelett (Myosepten, Knorpel, Ossifikation)

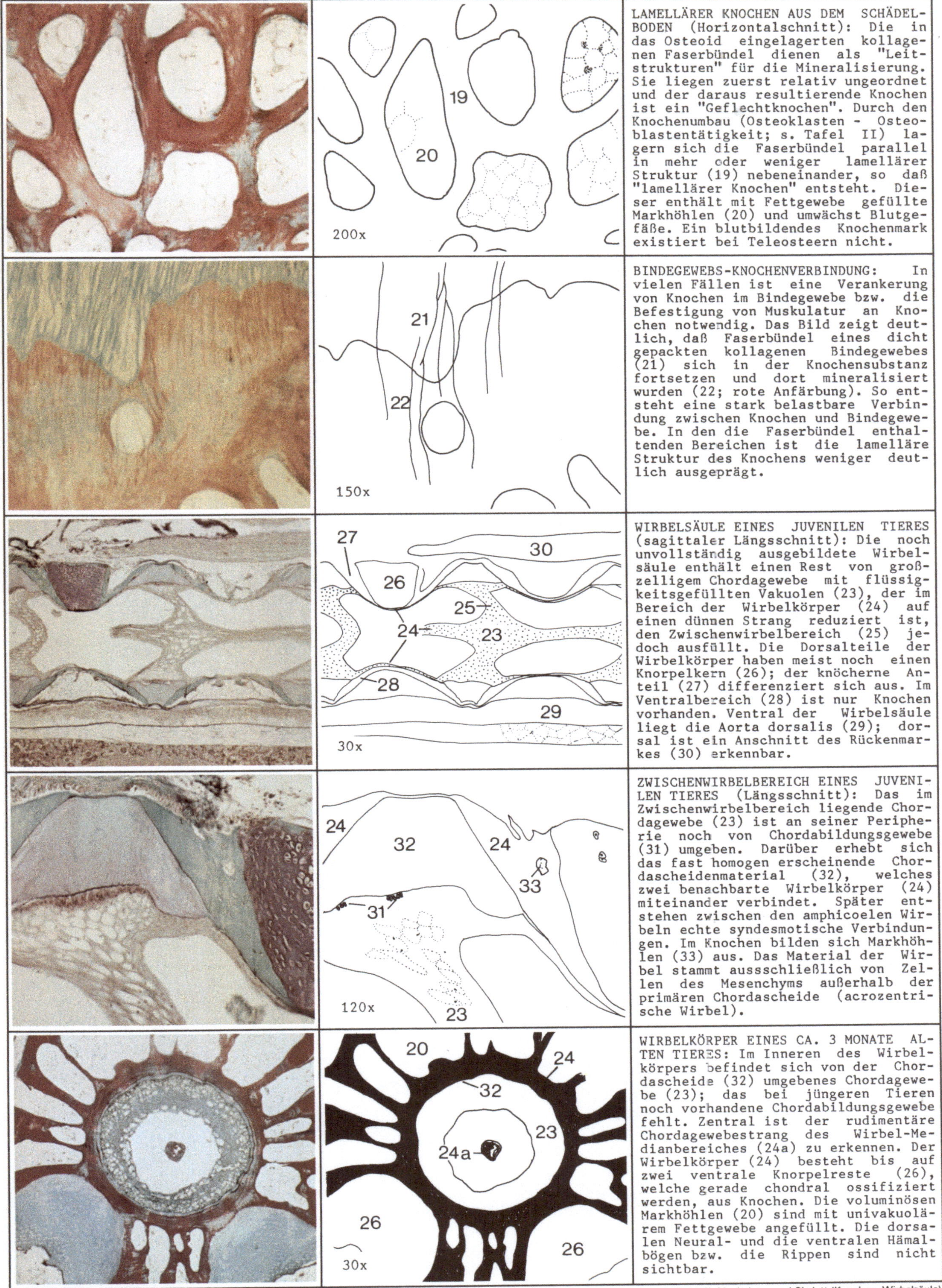

LAMELLÄRER KNOCHEN AUS DEM SCHÄDEL-BODEN (Horizontalschnitt): Die in das Osteoid eingelagerten kollagenen Faserbündel dienen als "Leitstrukturen" für die Mineralisierung. Sie liegen zuerst relativ ungeordnet und der daraus resultierende Knochen ist ein "Geflechtknochen". Durch den Knochenumbau (Osteoklasten - Osteoblastentätigkeit; s. Tafel II) lagern sich die Faserbündel parallel in mehr oder weniger lamellärer Struktur (19) nebeneinander, so daß "lamellärer Knochen" entsteht. Dieser enthält mit Fettgewebe gefüllte Markhöhlen (20) und umwächst Blutgefäße. Ein blutbildendes Knochenmark existiert bei Teleosteern nicht.

200x

BINDEGEWEBS-KNOCHENVERBINDUNG: In vielen Fällen ist eine Verankerung von Knochen im Bindegewebe bzw. die Befestigung von Muskulatur an Knochen notwendig. Das Bild zeigt deutlich, daß Faserbündel eines dicht gepackten kollagenen Bindegewebes (21) sich in der Knochensubstanz fortsetzen und dort mineralisiert wurden (22; rote Anfärbung). So entsteht eine stark belastbare Verbindung zwischen Knochen und Bindegewebe. In den die Faserbündel enthaltenden Bereichen ist die lamelläre Struktur des Knochens weniger deutlich ausgeprägt.

150x

WIRBELSÄULE EINES JUVENILEN TIERES (sagittaler Längsschnitt): Die noch unvollständig ausgebildete Wirbelsäule enthält einen Rest von großzelligem Chordagewebe mit flüssigkeitsgefüllten Vakuolen (23), der im Bereich der Wirbelkörper (24) auf einen dünnen Strang reduziert ist, den Zwischenwirbelbereich (25) jedoch ausfüllt. Die Dorsalteile der Wirbelkörper haben meist noch einen Knorpelkern (26); der knöcherne Anteil (27) differenziert sich aus. Im Ventralbereich (28) ist nur Knochen vorhanden. Ventral der Wirbelsäule liegt die Aorta dorsalis (29); dorsal ist ein Anschnitt des Rückenmarkes (30) erkennbar.

30x

ZWISCHENWIRBELBEREICH EINES JUVENILEN TIERES (Längsschnitt): Das im Zwischenwirbelbereich liegende Chordagewebe (23) ist an seiner Peripherie noch von Chordabildungsgewebe (31) umgeben. Darüber erhebt sich das fast homogen erscheinende Chordascheidenmaterial (32), welches zwei benachbarte Wirbelkörper (24) miteinander verbindet. Später entstehen zwischen den amphicoelen Wirbeln echte syndesmotische Verbindungen. Im Knochen bilden sich Markhöhlen (33) aus. Das Material des Wirbel stammt ausschließlich von Zellen des Mesenchyms außerhalb der primären Chordascheide (acrozentrische Wirbel).

120x

WIRBELKÖRPER EINES CA. 3 MONATE ALTEN TIERES: Im Inneren des Wirbelkörpers befindet sich von der Chordascheide (32) umgebenes Chordagewebe (23); das bei jüngeren Tieren noch vorhandene Chordabildungsgewebe fehlt. Zentral ist der rudimentäre Chordagewebestrang des Wirbel-Medianbereiches (24a) zu erkennen. Der Wirbelkörper (24) besteht bis auf zwei ventrale Knorpelreste (26), welche gerade chondral ossifiziert werden, aus Knochen. Die voluminösen Markhöhlen (20) sind mit univakuolärem Fettgewebe angefüllt. Die dorsalen Neural- und die ventralen Hämalbögen bzw. die Rippen sind nicht sichtbar.

30x

Histologie der Regenbogenforelle

Tafel III: Muskulatur und Skelett (Knochen, Wirbelsäule)

HARNORGANE

Da die in Tafel VIII besprochenen Ionocyten der Kiemen der Regenbogenforellle wichtige Exkretionsorgane darstellen, werden hier nur die exkretorischen Nierenanteile und die harnabführenden bzw. -speichernden Strukturen behandelt. Die harnbereitende Niere der Regenbogenforelle ist die charakteristische "zweite Nierengeneration" der Wirbeltiere, der Mesonephros (Urniere). Der embryonal angelegte Pronephros (Vorniere) wird im Laufe der Ontogenese zu einem lymphoiden und blutbildenden Organ (s. Tafel XVII). Die Urniere wird embryonal paarig angelegt, beide Teile lagern sich aber im Laufe der Entwicklung so eng zusammen, daß sie als unpaares, außerhalb der Leibeshöhle dorsal der Schwimmblase liegendes einheitliches Organ erscheinen. Die funktionelle Grundeinheit der Niere ist -wie bei allen Wirbeltieren- das "Nephron". Nephrone werden ursprünglich segmental angelegt, vermehren sich aber während der Entwicklung zum Adultus. Sie sind sog. "Typ A-Nephrone", die als ursprünglich und typisch für Süßwasserteleosteer gelten. Sie bestehen jeweils aus einem großen "Corpusculum renis" und einem "Urnierenkanälchen". Ersteres besteht aus einer "Bowman'schen Kapsel", die ein Gefäßknäuel, den "Glomerulus", umschließt. Das Urnierenkanälchen ist in ein kurzes Halsstück, einen histologisch in zwei Teile gegliederten proximalen Tubulusteil, ein Übergangsstück, einen distalen Tubulusteil und ein kurzes Sammelrohr gegliedert. Die letztgenannte Struktur einer jeden Nierenhälfte mündet in jeweils einen Urnierengang, den Wolff'schen Gang, der hier teleosteertypisch als reiner Harnleiter fungiert. Beide vereinigen sich zu einem unpaaren, harnblasentragenden Endstück, welches in einem Exkretionsporus nach außen mündet. Die Nephrone sind in hämatopoetisches Gewebe eingebettet.

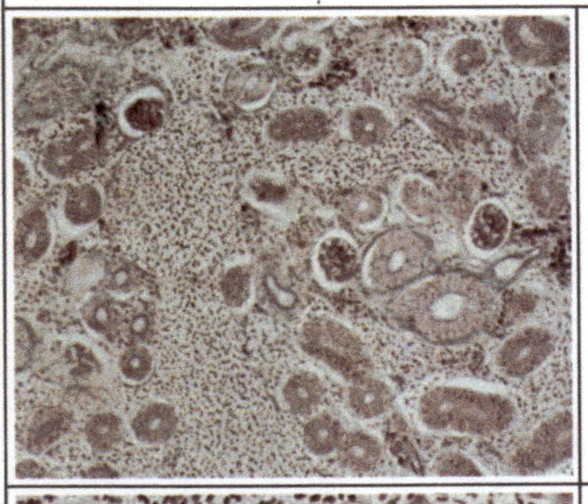

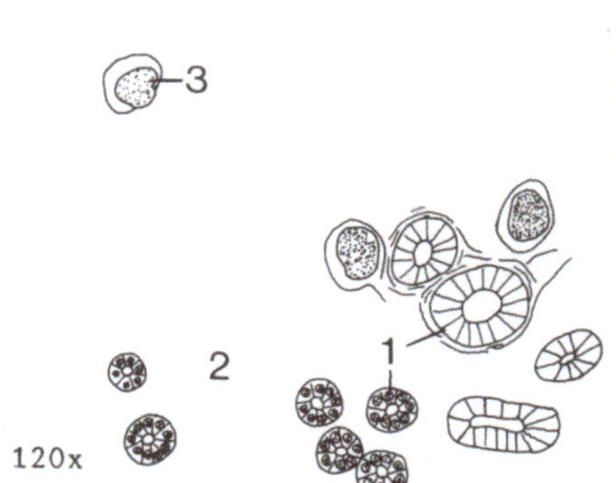

NIERE (Längsschnitt): Das Nierengewebe der Regenbogenforelle erscheint sehr "locker". Zahlreiche Anschnitte von Urnierenkanälchen (Tubuli; 1) liegen in hämatopoetischem Gewebe (2) eingestreut. Diese zeigen -je nach Tubulusabschnitt- verschieden große Durchmesser. Die Corpuscula renis (3) treten durch die dicht gefärbten Glomeruli deutlich hervor. Die Niere enthält außer den genannten Elementen auch noch Adrenal- bzw. Interrenalgewebe, die Stannius'schen Körper (s. Tafel XIV) und sog. juxtoglomeruläre Zellen, welche das Enzym Renin produzieren, das eine wichtige Komponente in einem blutdruckregulierenden System ist.

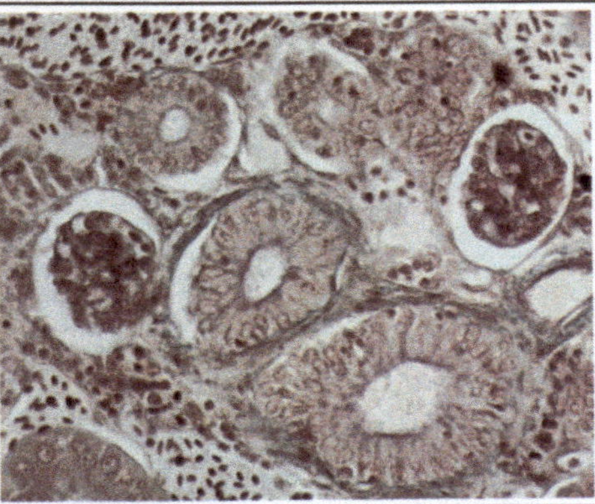

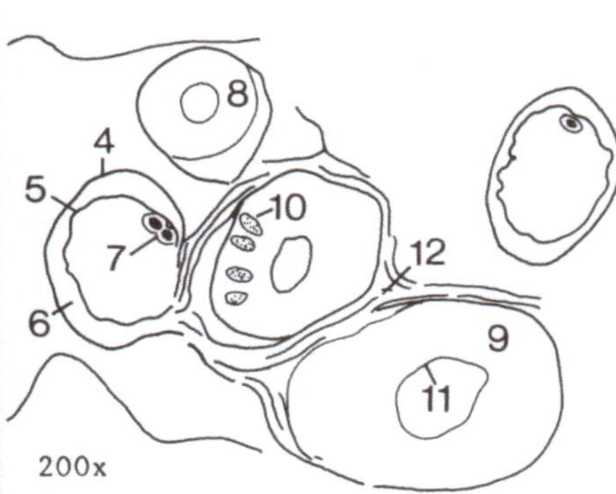

NIERE (Längsschnitt, Detail): Die stärkere Vergrößereng zeigt deutlich das dünne äußere Epithel der Bowman'schen Kapsel (4) und die Basalmembran des Glomerulus (5), die den Bowman'schen Raum (6) einschließen. In den Glomeruskapillaren sind Erythrocyten (7) erkennbar. Der proximale Tubulus (8) hat einen geringeren Durchmesser als der sich anschließende distale Teil (9). Die Zellen des Tubulusepithels (10) sind iso- bis hochprismatisch und tragen teilweise Cilien oder einen Bürstensaum (11). Das bewimperte Übergangsstück ist lichtmikroskopisch nicht identifizierbar. Die Tubuli sind von glatter Muskulatur (12) umgeben.

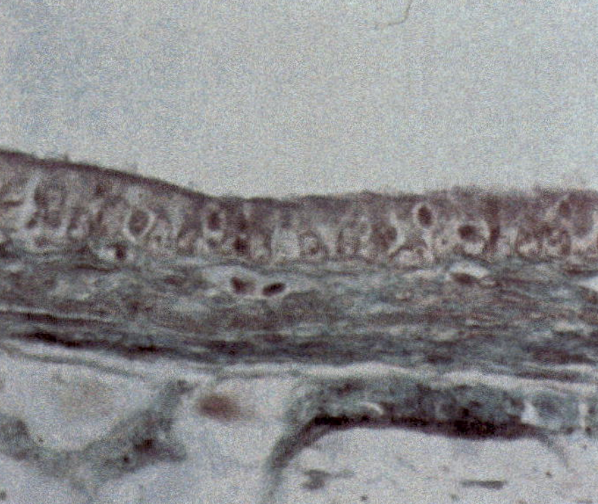

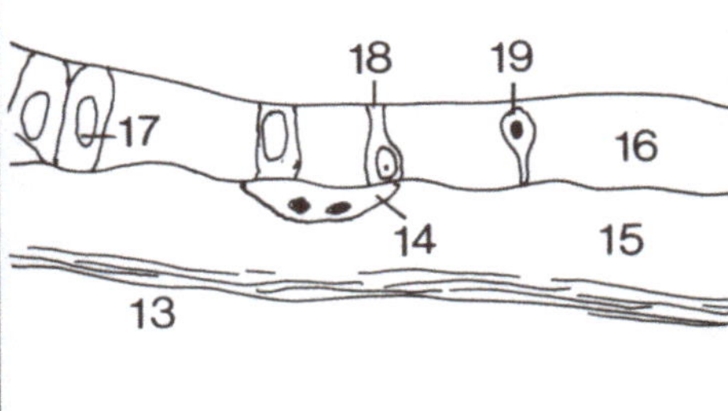

UNPAARER ENDBEREICH DES HARNLEITERS: Dieser Teil der harnableitenden Wege wird in der Literatur oft fälschlicherweise als Ureter bezeichnet. Er besteht aus drei Schichten. Die äussere ist die bindegewebige Tunica adventitia (13), auf welche die zirkulär verlaufende glatte Muskelzellen, kollagene Bindegewebsfasern und Blutkapillaren (14) enthaltende Lamina propria (15) folgt. Das Lumen wird von einem stellenweise mehrreihig erscheinenden Epithel (16) ausgekleidet, das auch hochprismatische Zellen in einer Schicht (17) erkennen läßt. Es kommen zwei Zelltypen mit unterschiedlicher Kerngröße vor (18, 19).

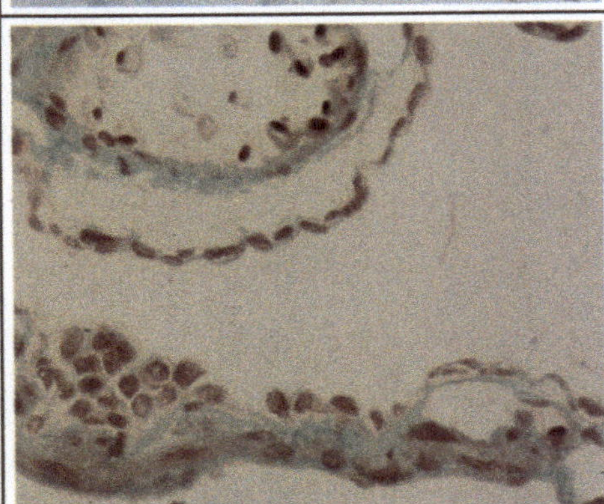

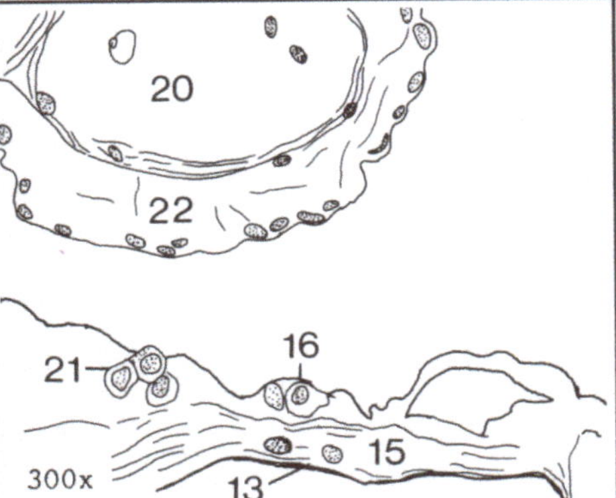

HARNBLASE: Die Harnblase ist eine Aussackung des unpaaren Teiles des Wolff'schen Ganges und somit ein Derivat desselben. Ihre Wand wird peripher von einer kaum erkennbaren T. adventitia (13) begrenzt. Auf diese folgt dann eine dünne, zirkulär verlaufende glatte Muskelzellen enthaltende L. propria (15), in welcher auch weitlumige Blutgefäße (20) verlaufen. Das das Lumen auskleidende Epithel (16) ist ein einschichtiges Plattenepithel. Die polygonal erscheinenden Zellen im Bild (21) sind flächige Angeschnittene desselben. Direkt unter dem Epithel liegen stellenweise mit sehr dünnem Bindegewebe durchzogene Hohlräume (22).

GONADEN I

Die Ovarien der Regenbogenforelle entsprechen dem grundsätzlichen Bauprinzip ursprünglicher Teleostei. Sie werden doppelt angelegt und bleiben auch zeitlebens getrennt. Sie liegen jeweils in einer Peritonealduplikatur und werden durch diese über die Mesovarien an der dorsalen Leibeshöhlenwand beidseitig lateral des Mesenteriums befestigt. Sie durchziehen beim adulten Tier abgeplattet-strangförmig die Leibeshöhle; die Grösse variiert mit dem Stadium der Geschlechtsreife bzw. des Reproduktionszyklus. Das einzelne Ovarium ist eine kompakte Struktur, die zum Mesenterium hin blattartig von dorsal nach ventral aufgefaltet ist (lamellärer Ovarialtyp). Es besitzt keine Ovarialhöhle und keinen Ovidukt; die Keimzellen werden bei der Ovulation in die Leibeshöhle entlassen und gelangen von da über einen Peritonealtrichter (Genitaltrichter, Lickteig'scher Trichter) ins freie Wasser. Das Ovarium besteht aus Follikeln und dem Ovarialstroma; die äußere Umhüllung bildet das bereits erwähnte Peritonealepithel. Die Follikelwand umschließt jeweils eine Oocyte I. Ordnung und setzt sich aus zwei Komponenten zusammen: einer inneren zelligen, einschichtigen Membrana granulosa ("Granulosa") und einer vorwiegend bindegewebigen Theca folliculi ("Theca"). Letztere enthält Blutgefäße. Die Granulosazellen bilden im Laufe der Oocytenreifung einen Teil der primären Eihülle, die im lichtmikroskopischen Bild durch in ihr liegende große Mikrovilli ("Makrovilli") radiär gestreift erscheint und daher "Zona radiata" genannt wird. Die Granulosa spielt bei der Einschleusung des in der Leber gebildeten Vitellogenins in die Oocyte eine wichtige Rolle. Das Ovarialstroma ist nur spärlich ausgebildet. Es besteht aus lockerem kollagenen Bindegewebe, Blutgefäßen, Lymphräumen und Nerven.

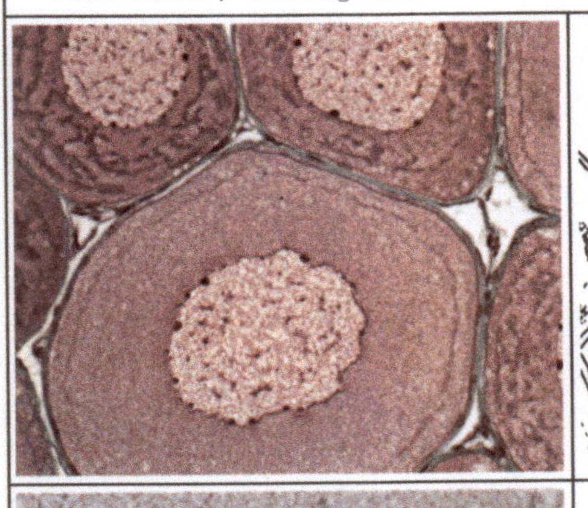

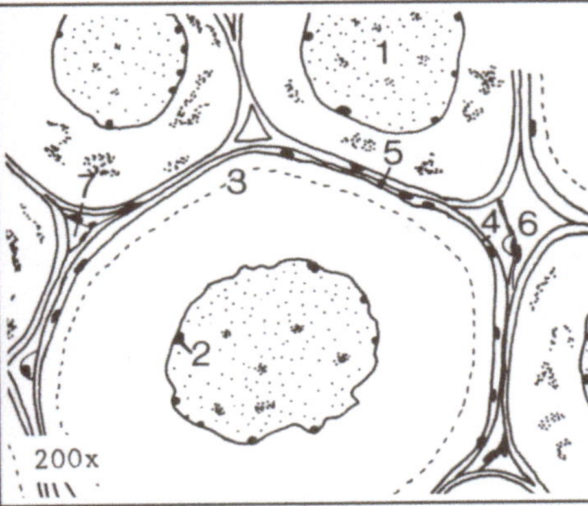

REIFESTUFE I: Die Kerne der Oocyten (1) sind groß und enthalten viele randständige Nucleoli (2). Im Ooplasma finden sich AF-positive Verdichtungen (3). Die Granulosa (4) besteht aus sehr flachen Zellen und ist oft nicht deutlich identifizierbar. Auch die Theca (5) ist extrem dünn und erscheint meist lediglich als grüner Saum. Zwischen den Follikeln liegen Lymphräume (6) und Blutgefäße (7). Insgesamt ist das Ovarialstroma nur sehr schwach ausgebildet. Es ist ein Charakteristikum dieses Entwicklungsstadiums, daß das Cytoplasma weitgehend vakuolenfrei und insgesamt AF-positiv ist.

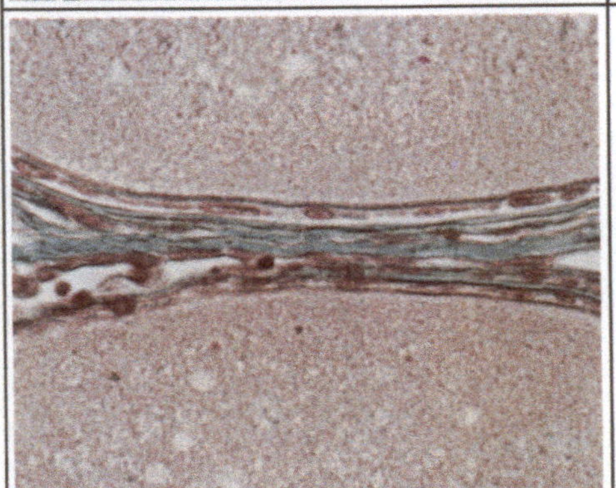

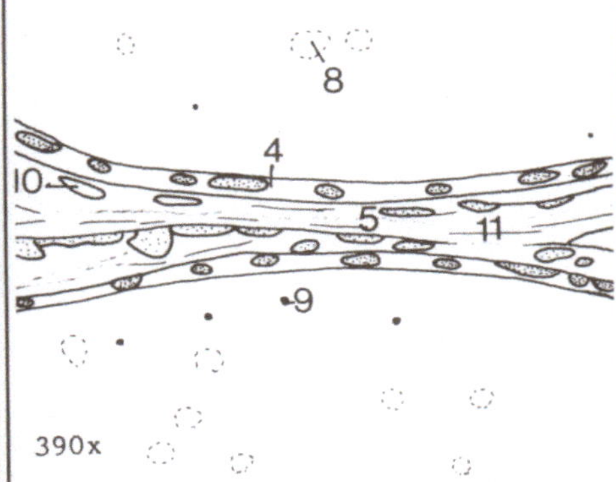

REIFESTUFE II: Die Kern-Plasma-Relation ist stark zu Gunsten des nur noch schwach AF-positiven Cytoplasmas verschoben. In letzterem bilden sich zahlreiche kleine Vakuolen (8), die vereinzelt auch rot angefärbte Granula (9) enthalten können. Die Zellen und Kerne der Granulosa (4) werden größer; ebenso verdickt sich die Theca (5). Fibroblastenkerne (10) und kollagene Faserbündel (11) sind gut erkennbar. Die Lymphräume des Ovariums (6) sind in diesem Stadium noch deutlich ausgeprägt. Die Theca ist stärker vaskularisiert und das Ovarialstroma ist vermehrt. In diesem Entwicklungsstadium hat die Vitellogenese noch nicht begonnen.

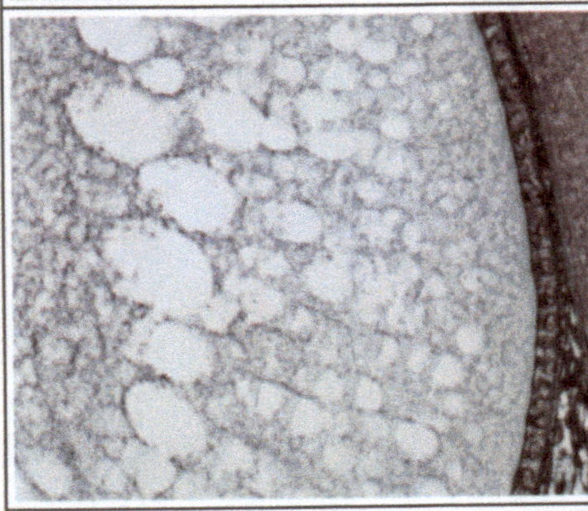

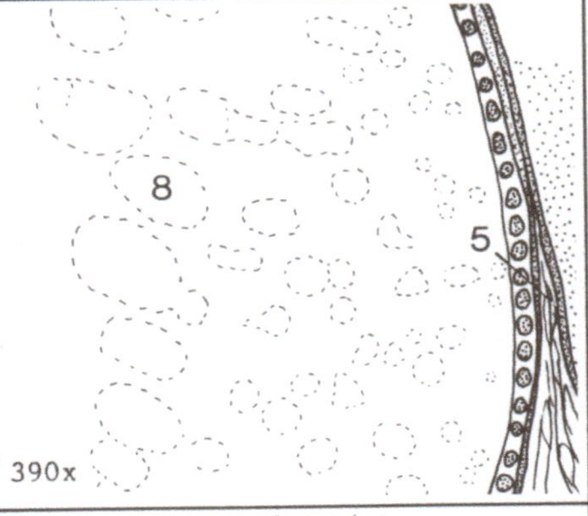

REIFESTUFE III: Das charakteristische Merkmal dieses Entwicklungsstadiums ist das Lichtgrün-positive Cytoplasma, das nun sehr viele Dottervakuolen (8) enthält, die zum Kern hin größer werden. Granuläre Einschlüsse sind noch selten. Der Kern erscheint oft geschrumpft (Artefakt !) und die Nucleoli haben unregelmäßige Formen. Die Granulosazellen sind nun isoprismatisch, und die Theca (5) verdickt sich noch weiter und wird stärker vaskularisiert. In seltenen Fällen ist in diesem Entwicklungsstadium bereits eine sehr dünne Eihülle feststellbar, die aber noch keine radiäre Streifung erkennen läßt.

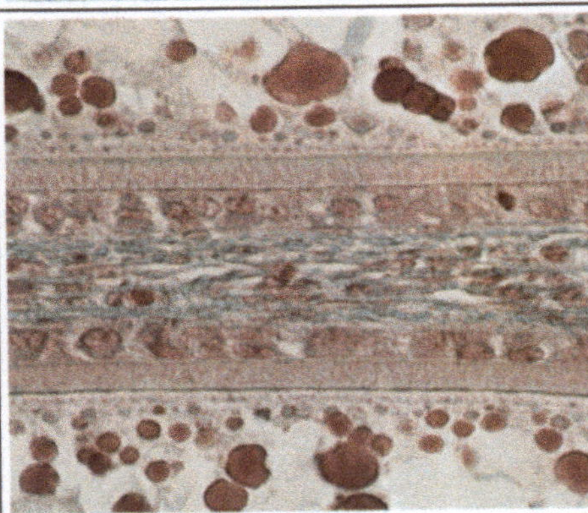

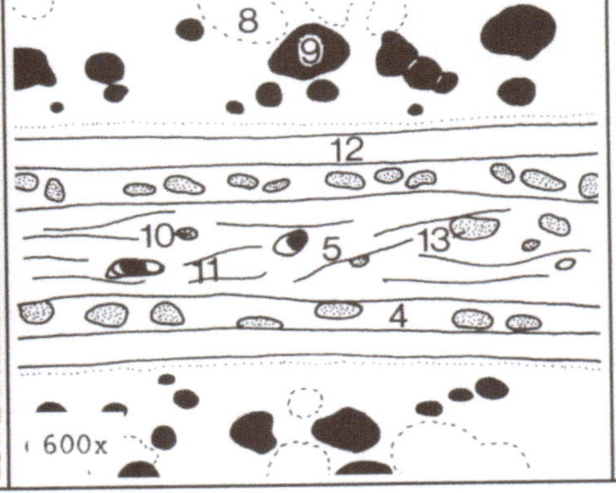

REIFESTUFE IV: Das Cytoplasma enthält nun zahlreiche große Dottervakuolen (8), die mit rot angefärbten (Ponceau-positiven) Dotterschollen (9) angefüllt sind. Die Oocytenkerne sind nur selten erkennbar. Die primäre Eihülle ist nun gut ausgebildet und zeigt die charakteristische radiäre Streifung (12). Die Kerne der nahezu isoprismatischen Granulosazellen (4) erscheinen vergrössert. Die Theca (5) enthält viele Fibroblasten- und Fibrocytenkerne (10) sowie kollagene Faserbündel (11). Vereinzelt treten "spezielle Thecazellen" (13) auf, die endokrine Funktionen haben. Lymphräume im Ovarialstroma sind selten.

GONADEN II

Die Testes der Regenbogenforelle werden paarig angelegt und bleiben auch beim adulten Tier zeitlebens getrennt. Sie werden jeweils von einer Peritonealduplikatur eingehüllt, die sich als Mesorchium zur dorsalen Leibeshöhlenwand fortsetzt und den Hoden dort befestigt. Unter dem Peritonealepithel liegt eine dünne Bindegewebshülle, die vorwiegend aus kollagenen Fasern besteht. Von dieser ziehen Septen ins Hodeninnere, zwischen denen die Tubuli seminiferi liegen. Diese können mehrfach verzweigt sein und münden jeweils zu mehreren über ein gemeinsames Endstück in den an der Dorsalseite der Testis liegenden Spermidukt. Dieser "epitestikuläre Ausführgang" ist eine hodeneigene Bildung (sekundärer Spermidukt) und entspricht nicht dem Wolff'schen Gang. In ihrem Endabschnitt vereinigen sich die Spermidukte beider Testes zu einem unpaaren Endstück, welches "theoretisch" frei in die Leibeshöhle mündet. Tatsächlich sind jedoch seine Ränder mit einem zum freien Wasser hin über einen Genitalporus offenen Peritonealtrichter (Genitaltrichter, Homologon des Lickteig'schen Trichters) verwachsen, so daß der Eindruck eines direkt nach außen führenden Samenleiters entsteht. Die Hodentubuli enthalten die verschiedenen Entwicklungsstadien der Keimzellen und als einzige somatische Komponente die offenbar den Sertoli-Zellen der Amnioten homologen Cystenzellen. Diese umschließen, wie bei allen Anamnia, jeweils einen von einem sekundären Spermatogonium abstammenden Keimzellklon, der sich synchron entwickelt. Die Tubuli werden nach außen von einer Basalmembran umgeben. Zwischen den Tubuli befindet sich das interstitielle Gewebe. Dieses besteht aus Fibrocyten, feinen kollagenen Faserbündeln und Blutgefäßen. Die für andere Vertebraten typischen "Leydig-Zellen" sind nicht identifizierbar.

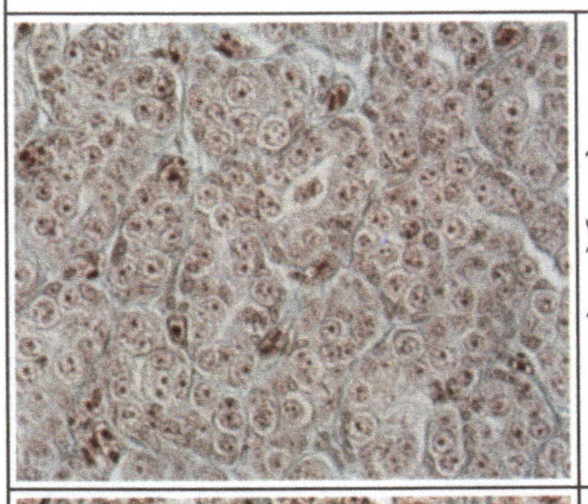

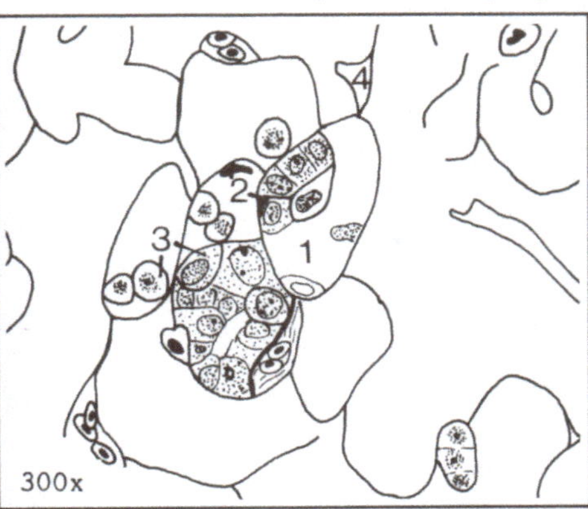

REIFESTUFE I: Dieses Entwicklungsstadium ist für den Eintritt in die erste Geschlechtsreife charakteristisch. Die einzelnen Hodentubuli (1) sind deutlich gegeneinander abgegrenzt und besitzen in der überwiegenden Zahl noch keine Lumina. Sie enthalten neben den Cystenzellen (2) nur primäre und sekundäre Spermatogonien (3). Das Interstitium (4) ist nur spärlich ausgebildet. Es besteht aus feinen kollaganen Faserbündeln, Fibroblasten und Blutgefässen.

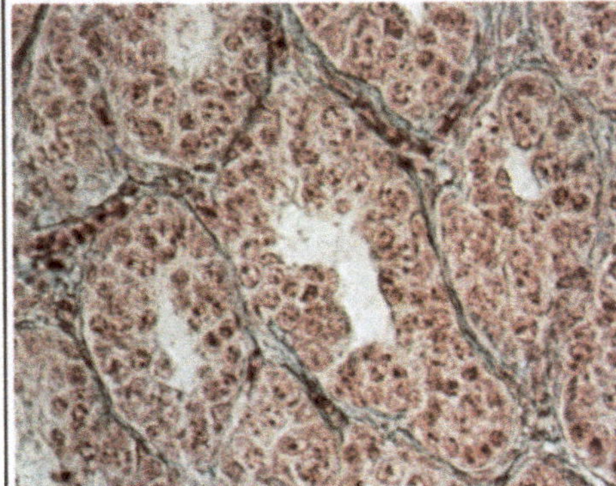

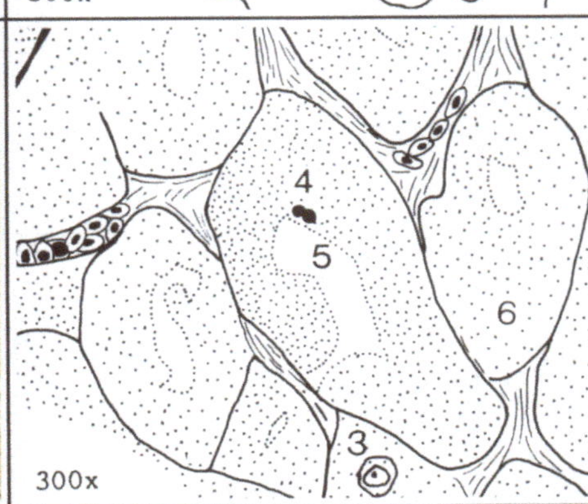

REIFESTUFE II: Auch dieses Stadium der Hodenreifung tritt nur bei Erstlaichern auf. Der Durchmesser der einzelnen Tubuli ist im Vergleich zu denen der Reifestufe I vergrößert und teilweise bildet sich das Tubuluslumen (5) aus. Die sekundären Spermatogonien (3) teilen sich z.T. zu Spermatocyten I.Ordnung (6). Das Interstitium ist stärker vaskularisiert

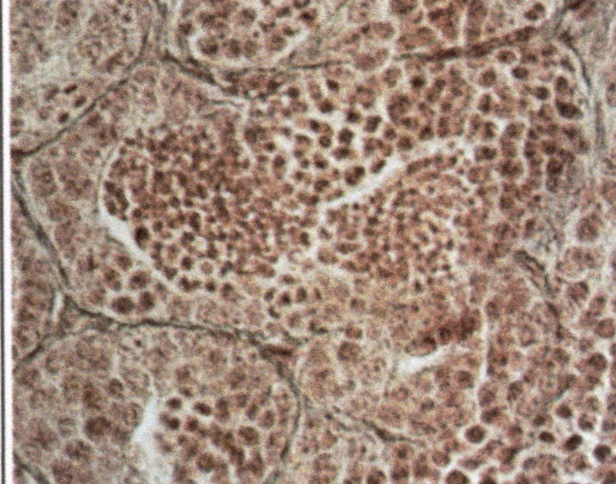

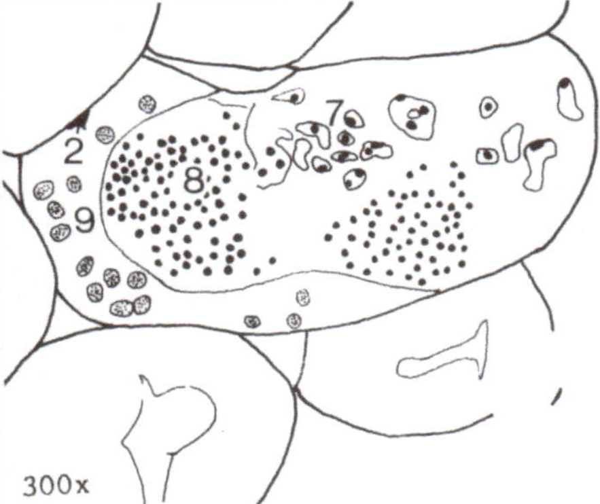

REIFESTUFE III: In dieser Entwicklungsphase sind die Tubulusdurchmesser noch stärker vergrößert. Die Spermatocyten I.Ordnung treten in die Meiose ein und werden über die erste und zweite Reifeteilung zu Spermatocyten II.Ordnung (7) und Spermatiden (8). Die typische Tubulusorganisation der cystischen Spermatogenese ist deutlich erkennbar: die von Cystenzellen (2) umgebenen Zellklone mit jeweils identischem Entwicklungsstand (9) sind deutlich voneinander abgrenzbar.

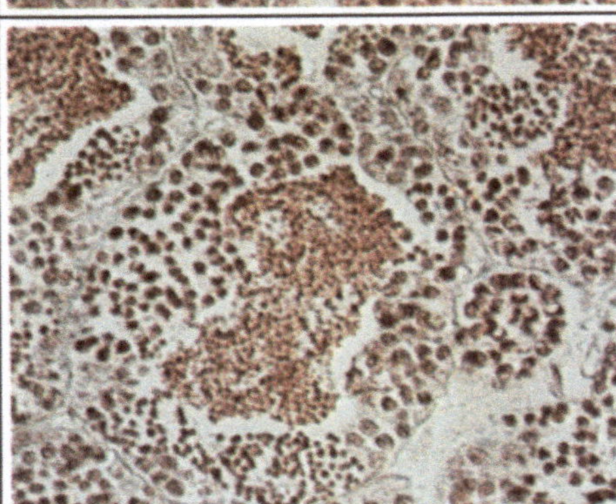

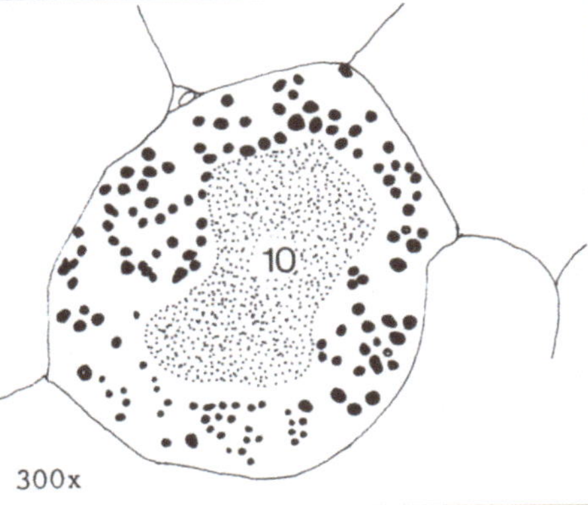

REIFESTUFE IV: In den zum Tubuluslumen hin gelegenen Spermatocysten läuft die Spermiohistogenese ab oder ist abgeschlossen; vereinzelt treten auch freie (spermiierte) Spermatozoen (10) auf. Spermatogonien kommen nur selten vor und liegen dann an der Peripherie des Tubulus.

GONADEN II

Die Testes der Regenbogenforelle werden paarig angelegt und bleiben auch beim adulten Tier zeitlebens getrennt. Sie werden jeweils von einer Peritonealduplikatur eingehüllt, die sich als Mesorchium zur dorsalen Leibeshöhlenwand fortsetzt und den Hoden dort befestigt. Unter dem Peritonealepithel liegt eine dünne Bindegewebshülle, die vorwiegend aus kollagenen Fasern besteht. Von dieser ziehen Septen ins Hodeninnere, zwischen denen die Tubuli seminiferi liegen. Diese können mehrfach verzweigt sein und münden jeweils zu mehreren über ein gemeinsames Endstück in den an der Dorsalseite der Testis liegenden Spermidukt. Dieser "epitestikuläre Ausführgang" ist eine hodeneigene Bildung (sekundärer Spermidukt) und entspricht nicht dem Wolff'schen Gang. In ihrem Endabschnitt vereinigen sich die Spermidukte beider Testes zu einem unpaaren Endstück, welches "theoretisch" frei in die Leibeshöhle mündet. Tatsächlich sind jedoch seine Ränder mit einem zum freien Wasser hin über einen Genitalporus offenen Peritonealtrichter (Genitaltrichter, Homologon des Lickteig'schen Trichters) verwachsen, so daß der Eindruck eines direkt nach außen führenden Samenleiters entsteht. Die Hodentubuli enthalten die verschiedenen Entwicklungsstadien der Keimzellen und als einzige somatische Komponente die offenbar den Sertoli-Zellen der Amnioten homologen Cystenzellen. Diese umschließen, wie bei allen Anamnia, jeweils einen von einem sekundären Spermatogonium abstammenden Keimzellklon, der sich synchron entwickelt. Die Tubuli werden nach außen von einer Basalmembran umgeben. Zwischen den Tubuli befindet sich das interstitielle Gewebe. Dieses besteht aus Fibrocyten, feinen kollagenen Faserbündeln und Blutgefäßen. Die für andere Vertebraten typischen "Leydig-Zellen" sind nicht identifizierbar.

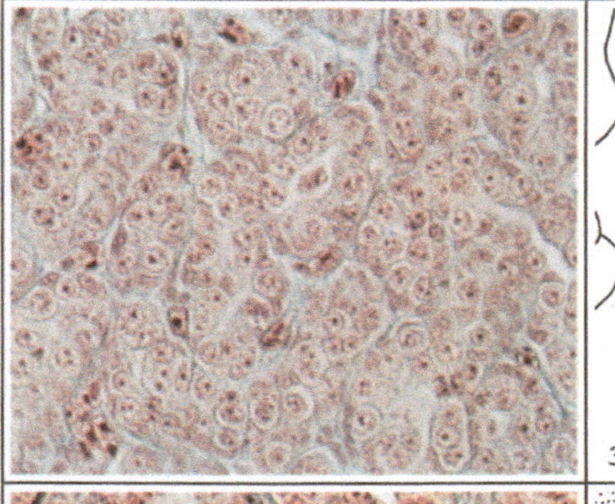

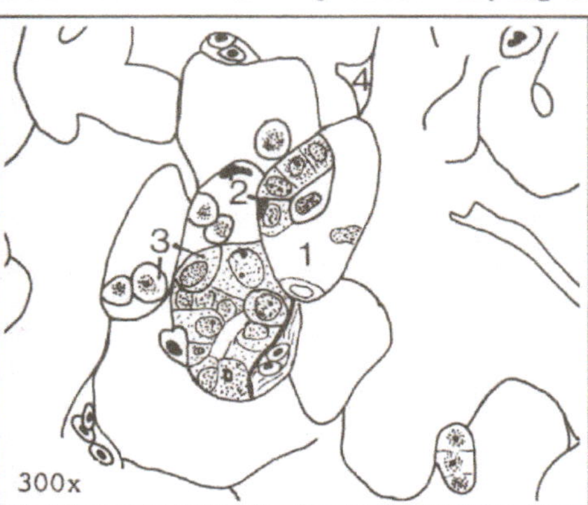

REIFESTUFE I: Dieses Entwicklungsstadium ist für den Eintritt in die erste Geschlechtsreife charakteristisch. Die einzelnen Hodentubuli (1) sind deutlich gegeneinander abgegrenzt und besitzen in der überwiegenden Zahl noch keine Lumina. Sie enthalten neben den Cystenzellen (2) nur primäre und sekundäre Spermatogonien (3). Das Interstitium (4) ist nur spärlich ausgebildet. Es besteht aus feinen kollaganen Faserbündeln, Fibroblasten und Blutgefässen.

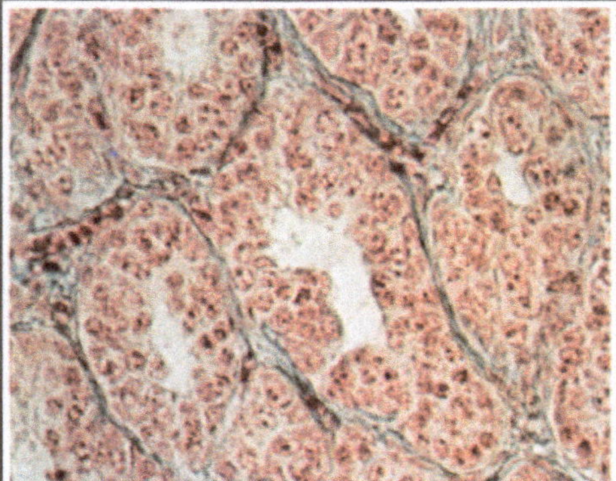

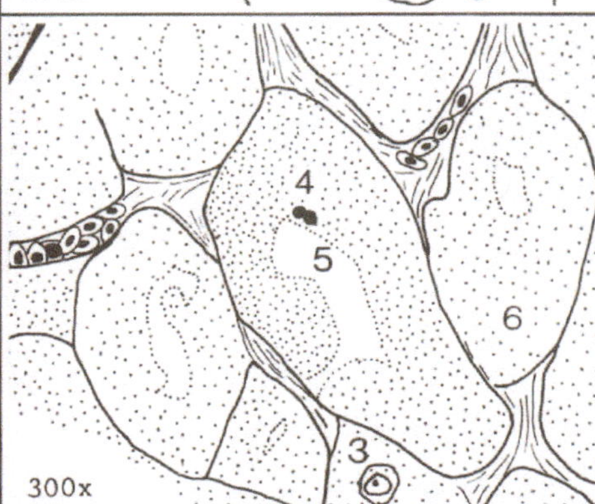

REIFESTUFE II: Auch dieses Stadium der Hodenreifung tritt nur bei Erstlaichern auf. Der Durchmesser der einzelnen Tubuli ist im Vergleich zu denen der Reifestufe I vergrößert und teilweise bildet sich das Tubuluslumen (5) aus. Die sekundären Spermatogonien (3) teilen sich z.T. zu Spermatocyten I.Ordnung (6). Das Interstitium ist stärker vaskularisiert

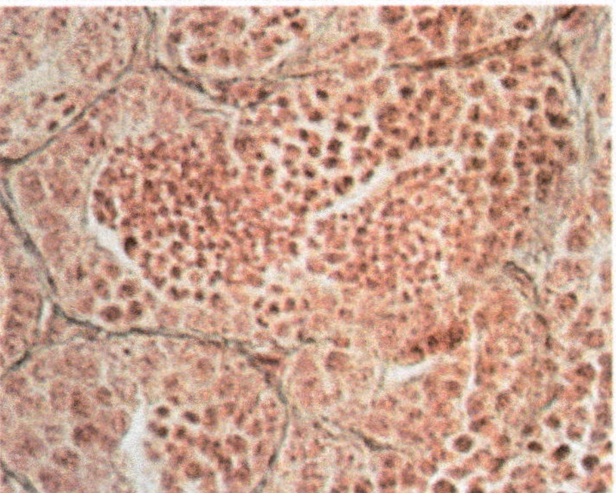

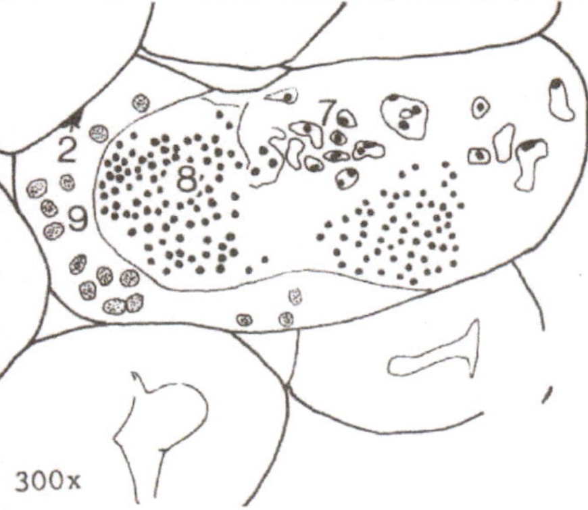

REIFESTUFE III: In dieser Entwicklungsphase sind die Tubulusdurchmesser noch stärker vergrößert. Die Spermatocyten I.Ordnung treten in die Meiose ein und werden über die erste und zweite Reifeteilung zu Spermatocyten II.Ordnung (7) und Spermatiden (8). Die typische Tubulusorganisation der cystischen Spermatogenese ist deutlich erkennbar: die von Cystenzellen (2) umgebenen Zellklone mit jeweils identischem Entwicklungsstand (9) sind deutlich voneinander abgrenzbar.

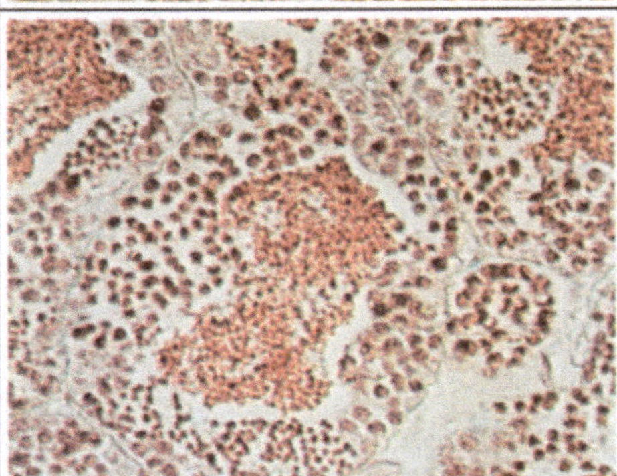

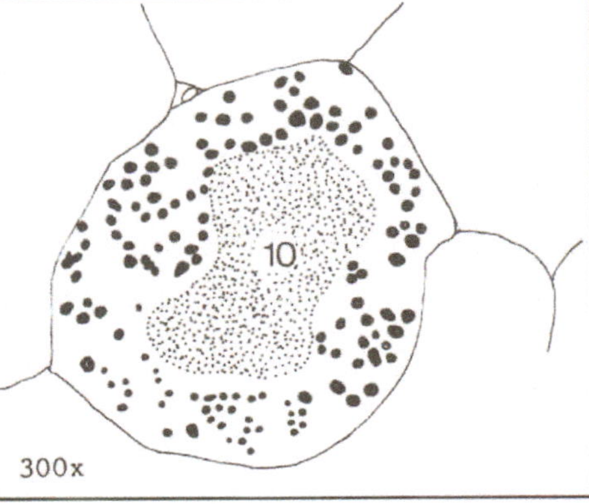

REIFESTUFE IV: In den zum Tubuluslumen hin gelegenen Spermatocysten läuft die Spermiohistogenese ab oder ist abgeschlossen; vereinzelt treten auch freie (spermiierte) Spermatozoen (10) auf. Spermatogonien kommen nur selten vor und liegen dann an der Peripherie des Tubulus.

Die Regenbogenforelle hat wie alle Teleosteer auf jeder Körperseite fünf Kiemenbögen, von denen jeweils nur die ersten vier als Atmungs- und Exkretionsorgane fungieren. Jede Kieme besteht aus einem knorpeligen bzw. knöchernen Kiemenbogen (Branchialbogen), an dessen caudalem konvexen Rand die dünnhäutigen, paarig angeordneten Kiemenblättchen (Kiemenfilamente, primäre innere bzw. äußere Kiemenlamellen) liegen. Letztere werden von einem dünnen Knorpelstrahl gestützt und tragen beidseitig auf ihrer Oberfläche viele respiratorische Fältchen, die Kiemenlamellen (sekundäre Kiemenlamellen, Kiemenfältchen). Auf dem konkaven Kiemenbogenrand befindet sich eine Reihe dornartiger Fortsätze, die Kiemenreuse. Das vom Herzen kommende venöse Blut wird über den Truncus arteriosus in die jeweilige Kiemenarterie (afferentes Gefäß, Aorta branchialis afferens) gepumpt. Von dieser zweigt zu jedem Kiemenblättchen ein Randgefäß (A. laminae branchialis afferens) ab. Von diesem ziehen in jede Kiemenlamelle Kapillaren, die ein Netzwerk bilden. An ihnen findet der Gasaustausch statt. Diese Kapillaren vereinigen sich wieder auf der gegenüberliegenden Seite und münden in ein abführendes Randgefäß (A. laminae branchialis efferens). Dieses zieht zum abführenden Kiemenbogengefäß (A. branchialis efferens, sog. "Kiemenvene"). Die Richtung des Blutstromes in den Kapillaren der Kiemenlamellen ist der des Atemwasserstromes entgegengesetzt. Die Exkretions- bzw. Osmoregulationsfunktionen der Kiemen werden von den Ionocyten wahrgenommen, die zwischen den Basen der Kiemenlamellen auf den Kiemenblättchen liegen. Der fünfte Kiemenbogen ist reduziert und trägt nur eine Kiemenreuse. Die Pseudobranchien liegen auf der Innenseite der Kiemendeckel und haben u. a. chemorezeptorische Funktionen.

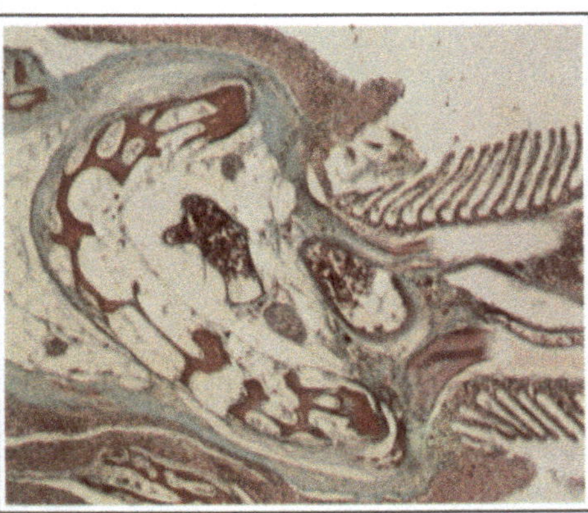

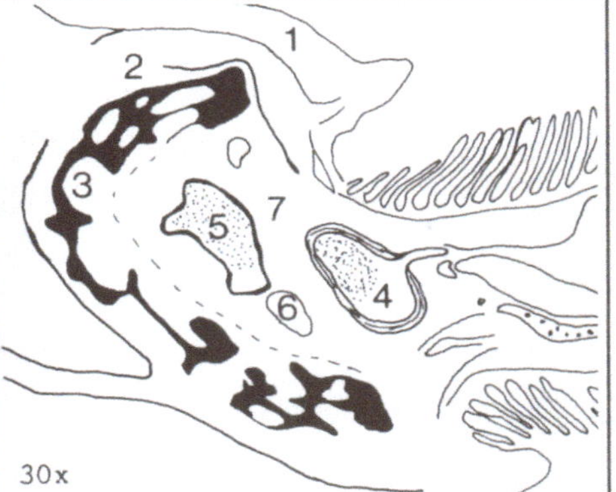

30x

KIEMENBOGEN: Der Kiemenbogen wird von einem mehrschichtigen Plattenepithel (1) bedeckt, welches viele Becherzellen enthält. Darunter folgt eine Lage aus relativ lockerem kollagenem Bindegewebe (2). Dieses umhüllt den je nach Alter knorpeligen oder knöchernen, im Querschnitt spangenförmigen Kiemenbogen s.str. (3),der zum Visceralskelett gehört. Die Wand der Aorta branchialis afferens (4) ist deutlich dicker als diejenige der A. branchialis efferens (5). Der Kiemenbogen ist innerviert (6). Gefäße und Nerven sind in ein sehr lockeres kollagenes Bindegewebe (7) eingebettet.

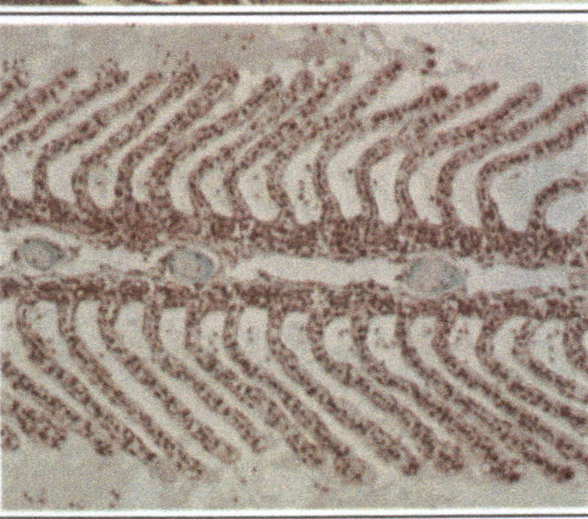

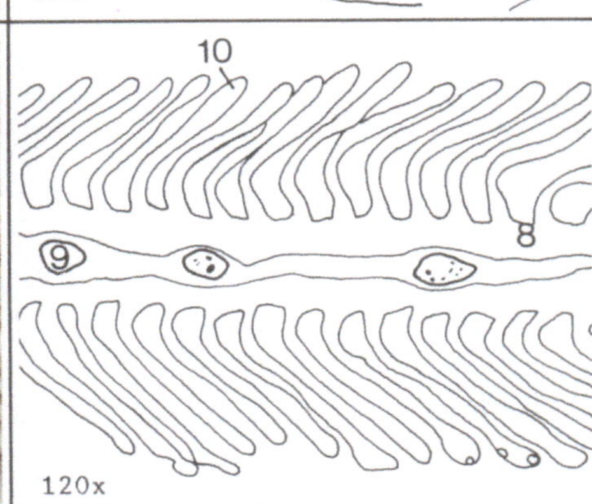

120x

KIEMENBLÄTTCHEN (Längsschnitt): Die Bedeckung des Kiemenblättchens besteht aus einem mehrschichtigen Epithel (8). Das Stützelement ist der knorpelige Kiemenstrahl (9,hier mehrfach angeschnitten). Dem Kiemenblättchen entspringen beidseitig die Kiemenlamellen (10).

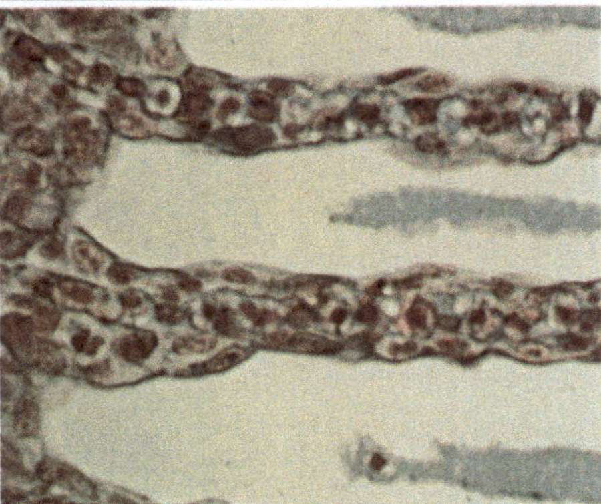

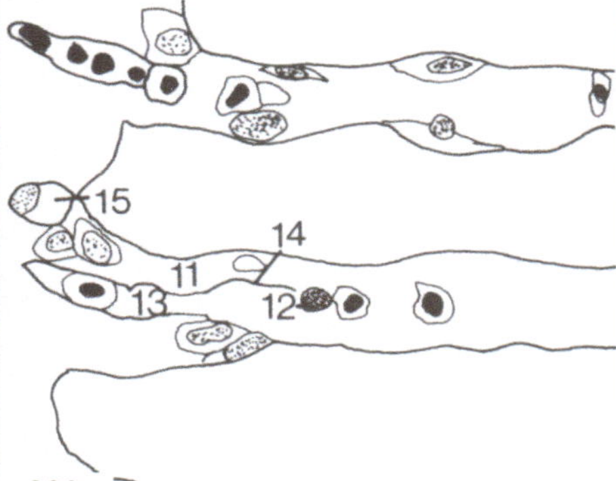

390x

KIEMENLAMELLEN (Längsschnitt): Die Kiemenlamellen werden von einem dünnen respiratorischen Epithel überzogen (11). Zwischen den Epithellagen beider Seiten liegen die Palisaden- oder Pflasterzellen (12), die englumige Blutkapillaren (13) abgrenzen. Eine Basalmembran (14) trennt das respiratorische Epithel von den Pflasterzellen. Zwischen den Basen der Kiemenlamellen befinden sich Ionocyten (Chloridzellen , 15).

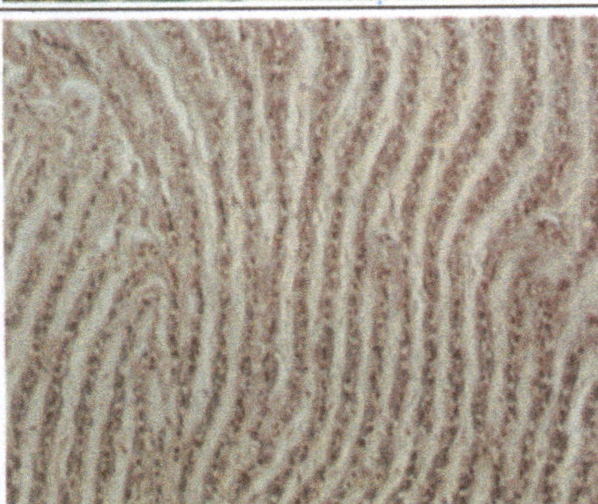

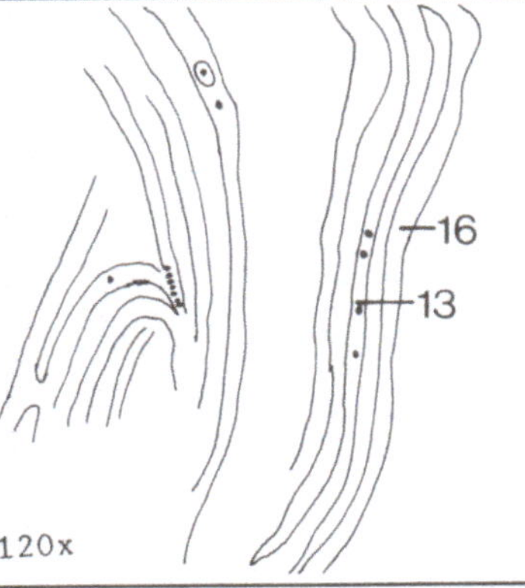

120x

PSEUDOBRANCHIE: Die Pseudobranchie ist wahrscheinlich ein Kiemenrelikt und wird von den Kiemen her mit Blut versorgt. Sie ist von einem Epithel überzogen und enthält auch knorpelige Stützelemente. Sie besteht vorwiegend aus kiemenlamellenähnlichen Strukturen (16) mit Epithel- und Palisadenzellen sowie mit Erythrocyten gefüllten Kapillaren (13).

ZAHNENTWICKLUNG

Die Regenbogenforelle besitzt nicht nur auf den Kieferknochen (Praemaxillare, Maxillare, Dentale) Zähne, sondern auch auf dem Gaumenbein (Palatinum), dem Pflugscharbein (Vomer) und dem Os interglossum der Zunge. Alle diese Knochen tragen den gleichen, für niedere Vertebraten typischen, konischen Zahntyp. Die Zähne sind wurzellos und unterliegen einem permanenten Zahnwechsel. Dieser läuft scheinbar ungeordnet ab, folgt aber einem sinnvollen Prinzip, welches eine kontinuierliche Funktionsfähigkeit des Gebisses garantiert. Dies geschieht derart, daß an einem theoretischen Ausgangszeitpunkt die geradzahligen Zähne alle in bestem Zustand sind, während die ungeradzahligen -in geringfügig räumlich versetzter zweiter Reihe- gerade im Kiefer als Anlagen neu gebildet werden. Wenn letztere heranwachsen und die Mundschleimhaut durchbrechen, sind die alternierend stehenden Zähne bereits abgenutzt. Sind die ungeradzahligen Zähne dann voll ausgebildet, sind die geradzahligen unbrauchbar geworden. Sie werden dann ihrerseits wieder neu angelegt usw.. Die Zähne sind ein Derivat des Integuments. Die Anlage des Gebisses erfolgt aus der Zahnleiste, von deren Kante aus Vorwölbungen gebildet werden, die sich zur Mundhöhle bzw. Lippe hin verschieben und zu Schmelzorganen werden. Diese sind Bildungen des Mundhöhlenepithels. Es entsteht eine Schmelzglocke als "Form" des neuen Zahnes. Unterhalb dieser bildet Mesenchym des Coriums das Zahnsäckchen. An dessen Oberfläche ordnen sich Zellen, die Odontoblasten, epithelial an und scheiden Prädentin ab, welches dann mineralisiert und so zu Dentin wird. Das innere Epithel der Schmelzglocke ist das Schmelzepithel. Es wird von den Adamantoblasten (Ameloblasten) gebildet, die auf das Dentin eine schmelzähnliche Substanz auflagern.

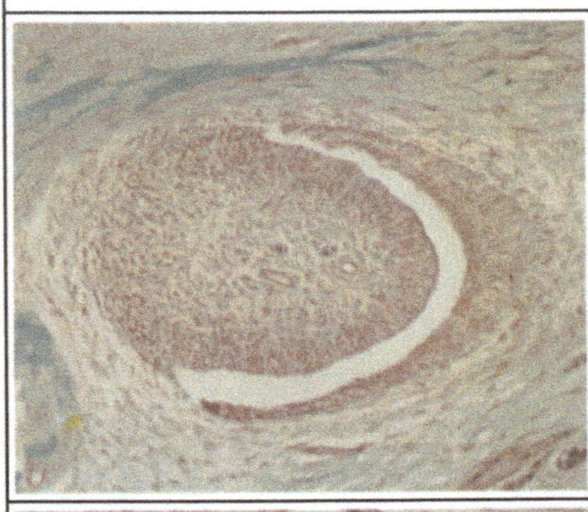

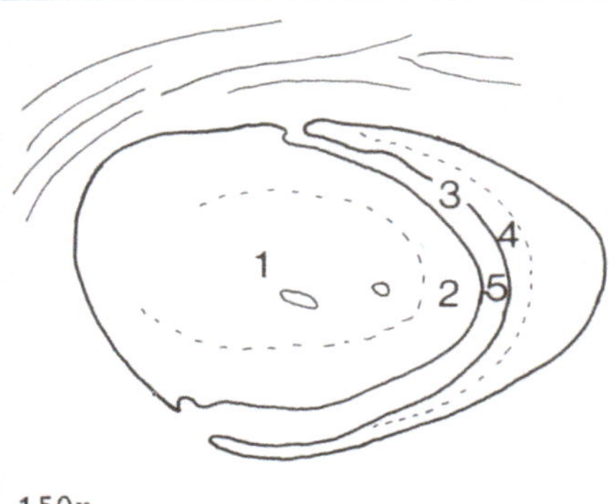

FRÜHE ZAHNANLAGE (Längsschnitt): Das Zahnsäckchen (1) besteht aus mesenchymatischem Gewebe, das Blutkapillaren enthält. Die Odontoblasten ordnen sich an der Oberfläche epithelartig an (2). Die Schmelzglocke (3) ist ausgebildet und die Adamantoblasten formieren das Schmelzepithel (4). Der schmale violette Saum auf der Oberfläche des Zahnsäckchens (5) zeigt die beginnende Ausscheidung von Prädentin an.

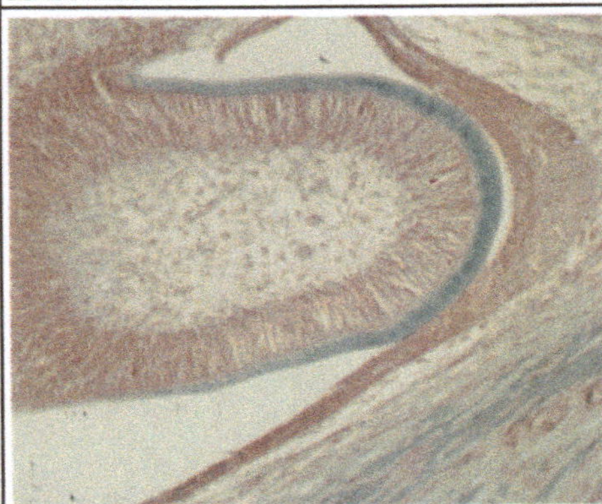

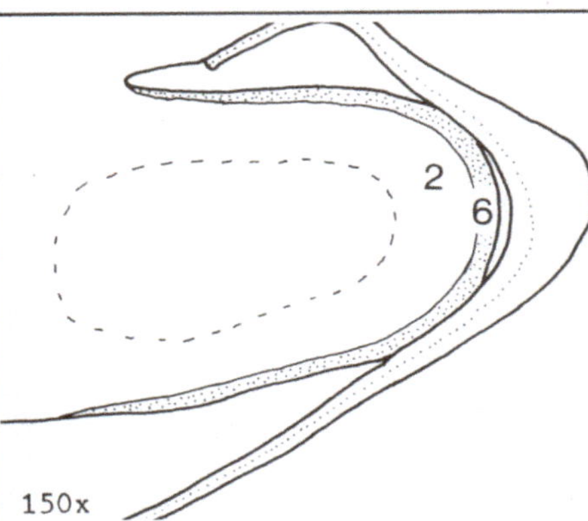

DENTINBILDUNG (Längsschnitt): Die Zahnanlage hat sich gestreckt und in das Mesenchym der Zahnpapille sind weitere Kapillaren eingewachsen. Die grün angefärbte Lage (6) über dem Epithel der langgestreckten Odontoblasten (2) verdeutlicht die beginnende Dentinbildung. Das histologische Bild läßt keine Rückschlüsse auf den Mineralisierungsgrad zu.

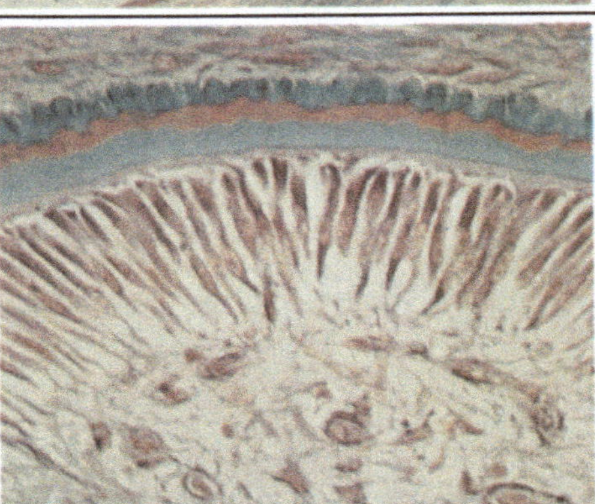

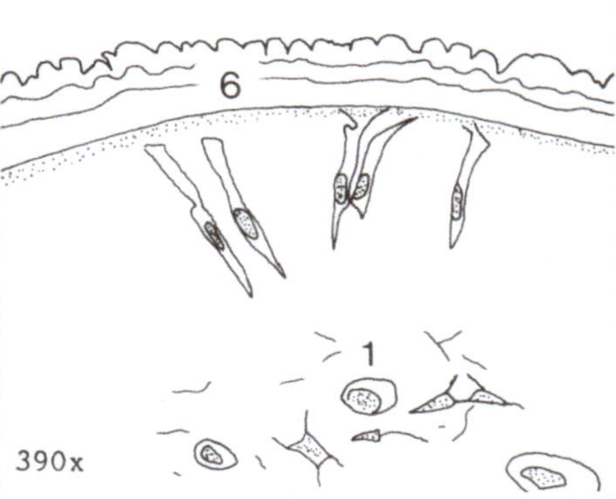

DENTINBILDUNG (Detail): Das lockere Mesenchym der Zahnpapille (1) wird immer stärker vaskularisiert. Die Odontoblasten bilden weiter Prädentin bzw. Dentin (6) aus. Die rot und grün angefärbten Lagen der Dentinschicht repräsentieren wahrscheinlich unterschiedliche Mineralisierungsgrade. Im normalhistologischen Bild ist bei der vorliegenden Vergrößerung nicht erkennbar, daß die Odontoblasten apikal feine Ausläufer bilden, die Tomes'schen Fasern. Um diese herum wird das Dentin abgeschieden, so daß mit Cytoplasmaausläufern der Odontoblasten gefüllte Dentinkanälchen entstehen, die radiär von innen nach außen laufen.

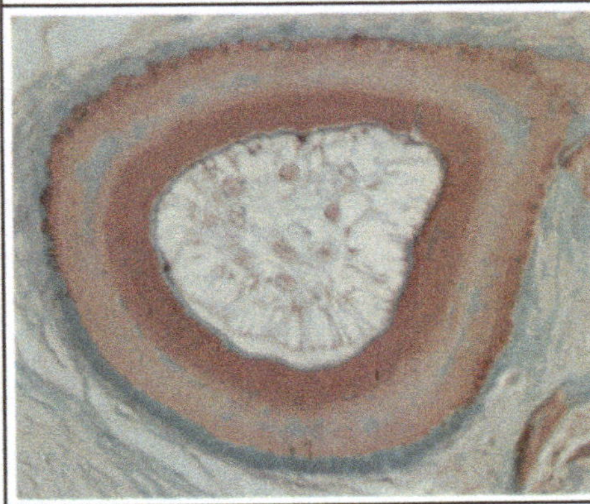

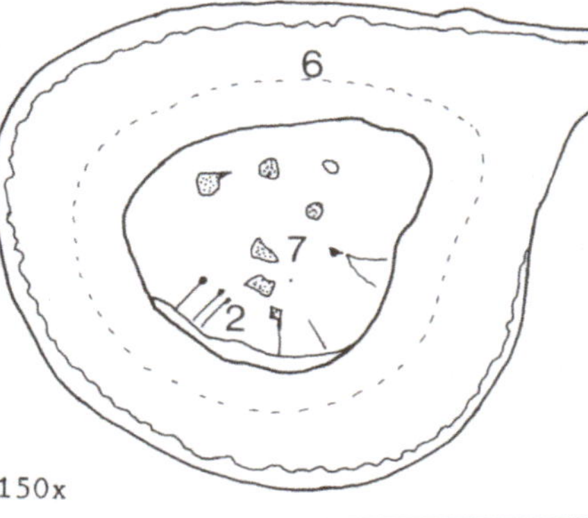

AUSGEWACHSENER ZAHN: Im fertigen Zahn bildet das mesenchymatische Gewebe der Zahnpapille nun eine gefäßreiche lockere Pulpa (7). Das Odontoblastenepithel (2) liegt an der Peripherie. Das Dentin (6) ist voll mineralisiert. Der vorliegende Querschnitt liegt im unteren Zahnviertel und trägt daher keine Schmelzschicht über dem Dentin. Diese wird nur an den freien Zahnteilen von den Adamantoblasten aufgelagert. Bei den typischen Teleosteerzähnen wird die Schmelzlage im Gegensatz zu der höherer Wirbeltiere bis zur Oberfläche von Odontoblastenausläufern durchzogen. Man nennt diese Schmelzsubstanz "Enameloid".

VERDAUUNGSSYSTEM

Der Verdauungstrakt der Regenbogenforelle beginnt mit der reich mit Zähnen ausgestatteten Mundhöhle (s. Tafel IX "Zahnentwicklung"), die auch den Kiemenraum beinhaltet. Speicheldrüsen, wie sie bei anderen Wirbeltieren vorkommen, fehlen bei allen Teleosteern. Der Mundhöhle folgt der muskulöse Oesophagus, der gegen diese mit einem Sphincter abgeschlossen ist. Der bei den Salmoniden offene Schwimmblasengang mündet in den Oesophagus ein. Die Schwimmblase ist ein Darmderivat und liegt dorsal der Niere außerhalb der Leibeshöhle. Der Oesophagus mündet seinerseits in den muskulösen, J-förmig gekrümmten Magen ein, dessen Ausgang zum Darm hin mit einem Sphincter, dem Pylorus ("Magenpförtner"), verschlossen wird. In den auf den Magen folgenden Anfangsabschnitt des Dünndarmes münden viele Blindschläuche, die Pylorusschläuche, ein. Hier enden auch die Aus-

führgänge von Pankreas und Gallenblase (s. Tafel XII "Leber und Pankreas") Den letzten Abschnitt des Verdauungstraktes bildet der Enddarm (Rectum). Dieser endet am Anus (After), der mit einem stark entwickelten Schließmuskel (Musculus sphincter ani) ausgestattet ist. Der größte Teil des Oesophagus, der Magen und der Darm liegen im strengen Sinne außerhalb der Leibeshöhle. Sie werden, wie auch die Schwimmblase, von dem die Leibeshöhle auskleidenden Peritonealepithel bedeckt. Dieses setzt sich als Duplikatur fort und befestigt den Magen-Darm-Trakt als Mesenterium an der dorsalen Leibeshöhlenwand. Er hängt so, außerhalb des Coeloms liegend, in dieses hinein. Insgesamt entspricht das Bauprinzip des Gastrointestinaltraktes der Regenbogenforelle dem fleischfressender Teleosteer allgemein.

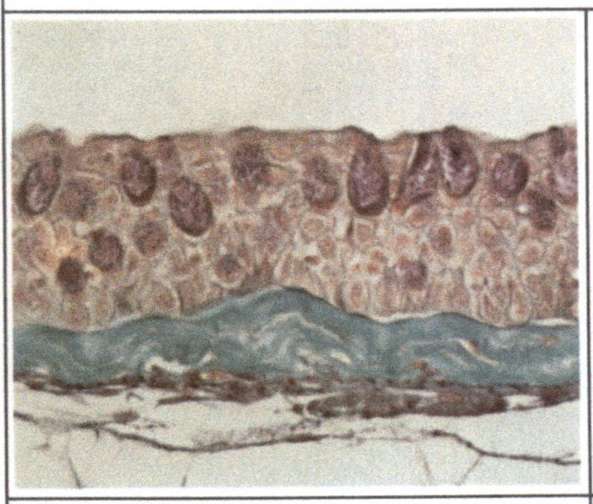

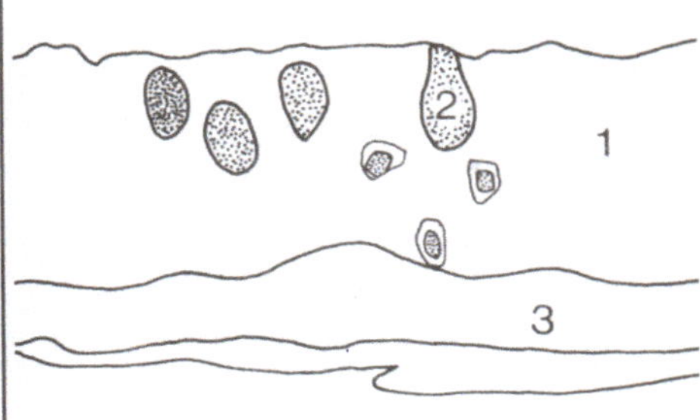

MUNDSCHLEIMHAUT: Die Mundschleimhaut ist ektodermalen Ursprungs. Daher entspricht ihr Aufbau prinzipiell dem des Integumentes: Ein mehrschichtiges unverhorntes Plattenepithel (1), welches zahlreiche Becherzellen (2) enthält, liegt auf einer relativ dünnen Coriumlage (3). Diese besteht aus dicht gepackten kollagenen Faserbündeln. In dem der Epidermis entsprechenden Epithel liegen viele Geschmacksknospen (s. Tafeln "Sinnesorgane").

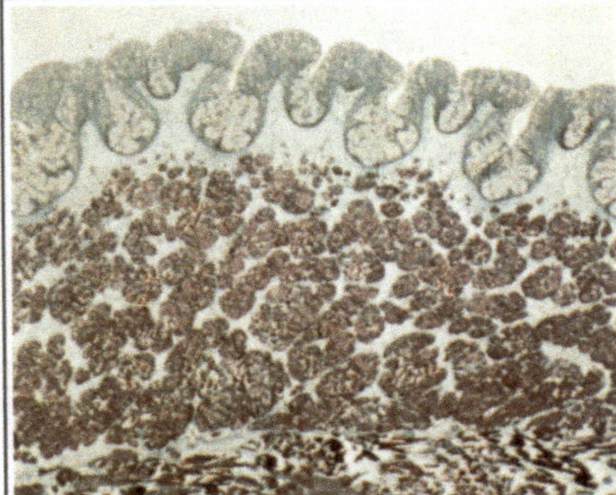

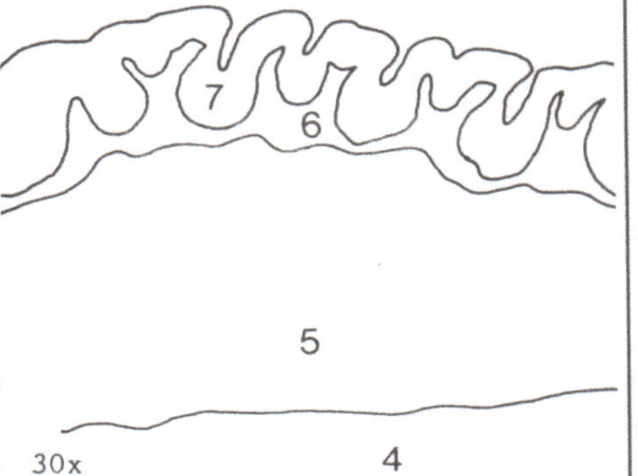

OESOPHAGUS (Längsschnitt): Der Oesophagus besteht aus den vier für die Vertebraten typischen Schichten des Gastrointestinaltraktes. Die äußere Bedeckung bildet das als Tunica serosa (Aderhaut, hier nicht dargestellt) ausgebildete Peritonealepithel. Die darauf folgende Muskelschicht (Tunica muscularis) enthält eine äußere dünne Längsmuskel- (4, Tunica muscularis longitudinalis) und eine dickere Ringmuskelschicht (5, Tunica muscularis circularis). Die dritte Lage ist die locker-bindegewebige Tela submucosa (6). Den inneren Abschluß bildet die Schleimhaut (7, Tunica mucosa).

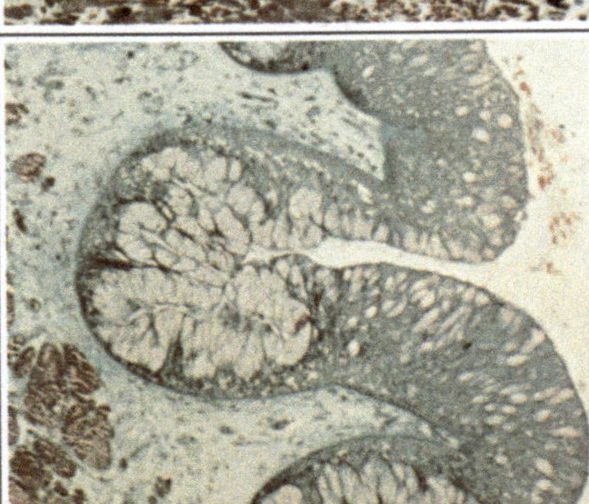

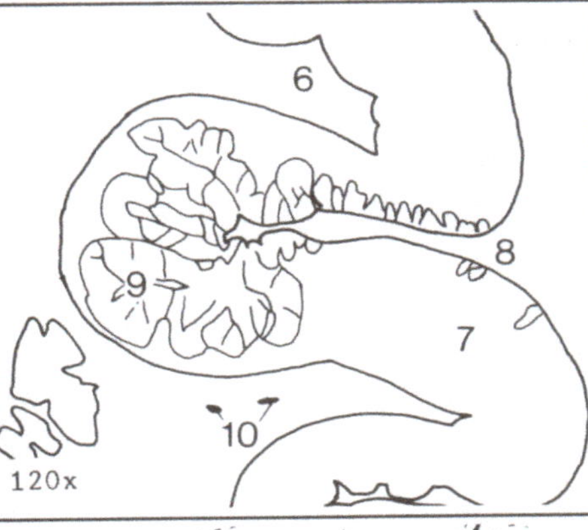

OESOPHAGUS (Längsschnitt, Detail): Die Tunica mucosa (7) bildet im cranial vor der Einmündung des Schwimmblasenganges gelegenen Bereich zahlreiche Falten (8). Das Mucosaepithel enthält viele muköse Drüsenzellen, die sich jeweils am Faltengrud zu Drüsenkomplexen (9) zusammenlagern. Die Tela submucosa (6) besteht aus lockeren kollagenen Faserbündeln und wird von Blutgefäßen (10) durchzogen.

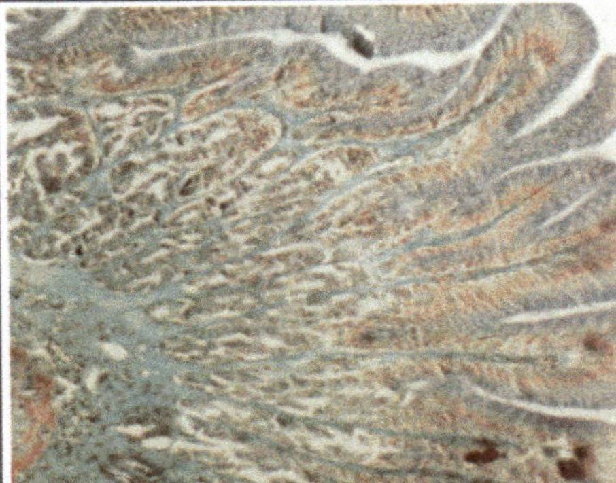

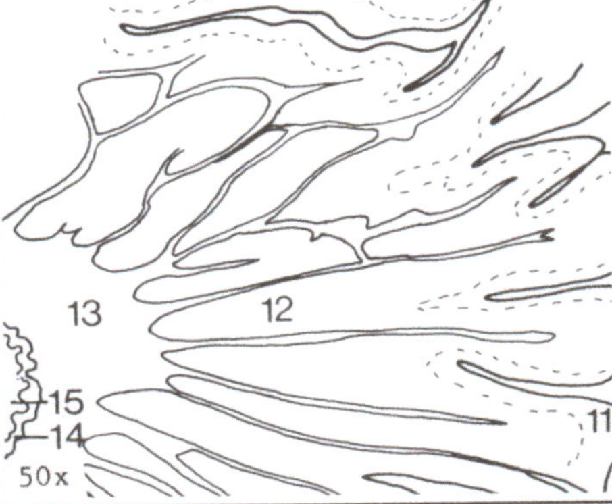

MAGENMUCOSA: Auch der Magen besitzt den schon beschriebenen vierschichtigen Aufbau. Die Tunica muscularis (nicht abgebildet) besteht wiederum aus einer Längs- und Ringmuskelschicht, die wesentlich stärker ausgebildet sind als im übrigen Gastrointestinaltrakt. Die Tela submucosa (nicht abgebildet) wird auch hier von kollagenen Faserbündeln gebildet. Die Tunica mucosa besteht aus einer Lamina epithelialis mucosae (11), Drüsenschläuchen (12), der Lamina propria mucosae (13), dem Stratum compactum (14), dem Str. granulosum (15) und einer dünnen Lamina muscularis mucosae (hier nicht abgebildet).

Tafel X: Verdauungssystem (Mundhöhle, Oesophagus, Magen)

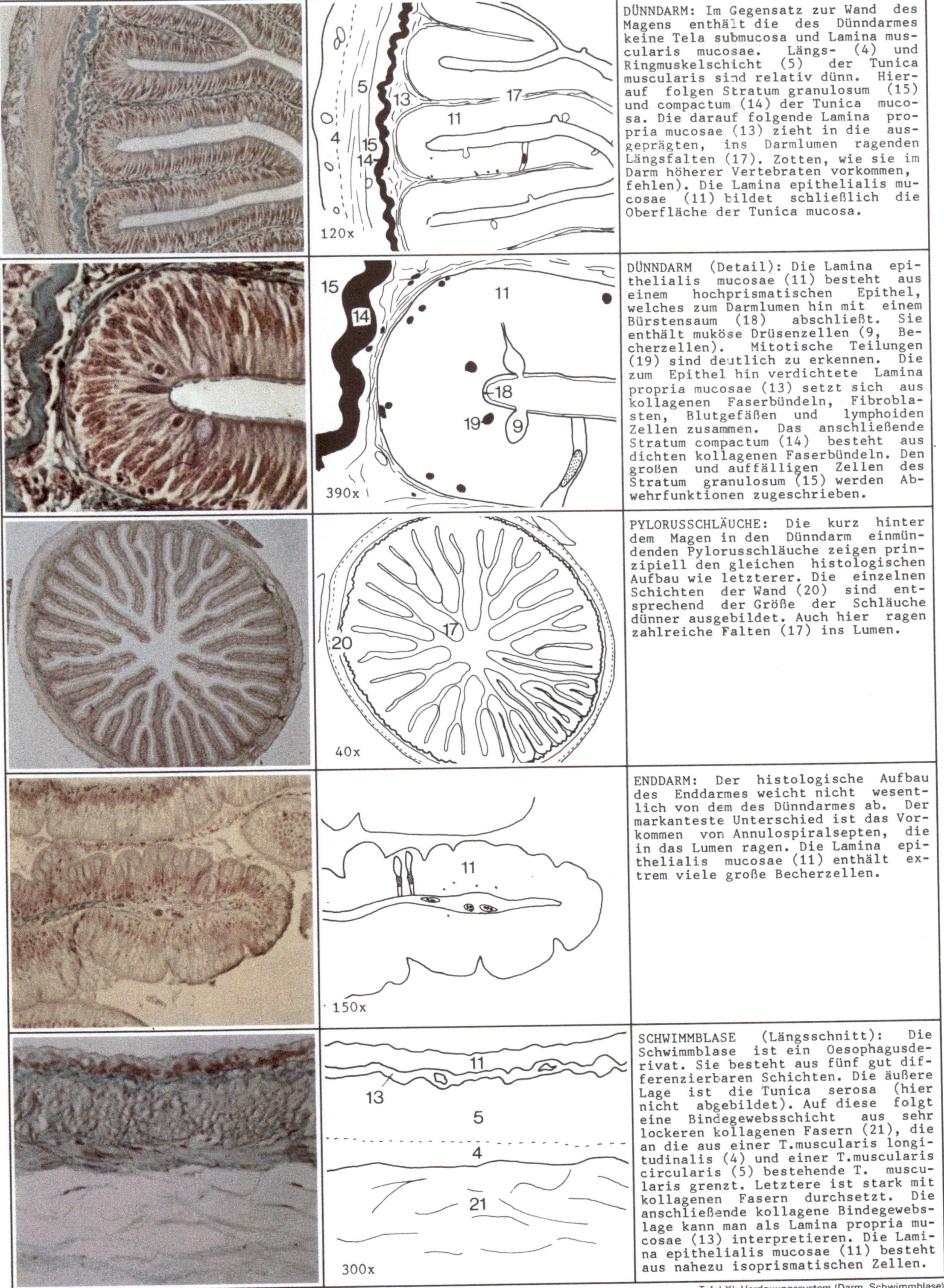

DÜNNDARM: Im Gegensatz zur Wand des Magens enthält die des Dünndarmes keine Tela submucosa und Lamina muscularis mucosae. Längs- (4) und Ringmuskelschicht (5) der Tunica muscularis sind relativ dünn. Hierauf folgen Stratum granulosum (15) und compactum (14) der Tunica mucosa. Die darauf folgende Lamina propria mucosae (13) zieht in die ausgeprägten, ins Darmlumen ragenden Längsfalten (17). Zotten, wie sie im Darm höherer Vertebraten vorkommen, fehlen). Die Lamina epithelialis mucosae (11) bildet schließlich die Oberfläche der Tunica mucosa.

DÜNNDARM (Detail): Die Lamina epithelialis mucosae (11) besteht aus einem hochprismatischen Epithel, welches zum Darmlumen hin mit einem Bürstensaum (18) abschließt. Sie enthält muköse Drüsenzellen (9, Becherzellen). Mitotische Teilungen (19) sind deutlich zu erkennen. Die zum Epithel hin verdichtete Lamina propria mucosae (13) setzt sich aus kollagenen Faserbündeln, Fibroblasten, Blutgefäßen und lymphoiden Zellen zusammen. Das anschließende Stratum compactum (14) besteht aus dichten kollagenen Faserbündeln. Den großen und auffälligen Zellen des Stratum granulosum (15) werden Abwehrfunktionen zugeschrieben.

PYLORUSSCHLÄUCHE: Die kurz hinter dem Magen in den Dünndarm einmündenden Pylorusschläuche zeigen prinzipiell den gleichen histologischen Aufbau wie letzterer. Die einzelnen Schichten der Wand (20) sind entsprechend der Größe der Schläuche dünner ausgebildet. Auch hier ragen zahlreiche Falten (17) ins Lumen.

ENDDARM: Der histologische Aufbau des Enddarmes weicht nicht wesentlich von dem des Dünndarmes ab. Der markanteste Unterschied ist das Vorkommen von Annulospiralsepten, die in das Lumen ragen. Die Lamina epithelialis mucosae (11) enthält extrem viele große Becherzellen.

SCHWIMMBLASE (Längsschnitt): Die Schwimmblase ist ein Oesophagusderivat. Sie besteht aus fünf gut differenzierbaren Schichten. Die äußere Lage ist die Tunica serosa (hier nicht abgebildet). Auf diese folgt eine Bindegewebsschicht aus sehr lockeren kollagenen Fasern (21), die an die aus einer T.muscularis longitudinalis (4) und einer T.muscularis circularis (5) bestehende T. muscularis grenzt. Letztere ist stark mit kollagenen Fasern durchsetzt. Die anschließende kollagene Bindegewebslage kann man als Lamina propria mucosae (13) interpretieren. Die Lamina epithelialis mucosae (11) besteht aus nahezu isoprismatischen Zellen.

Histologie der Regenbogenforelle

Tafel XI: Verdauungssystem (Darm, Schwimmblase)

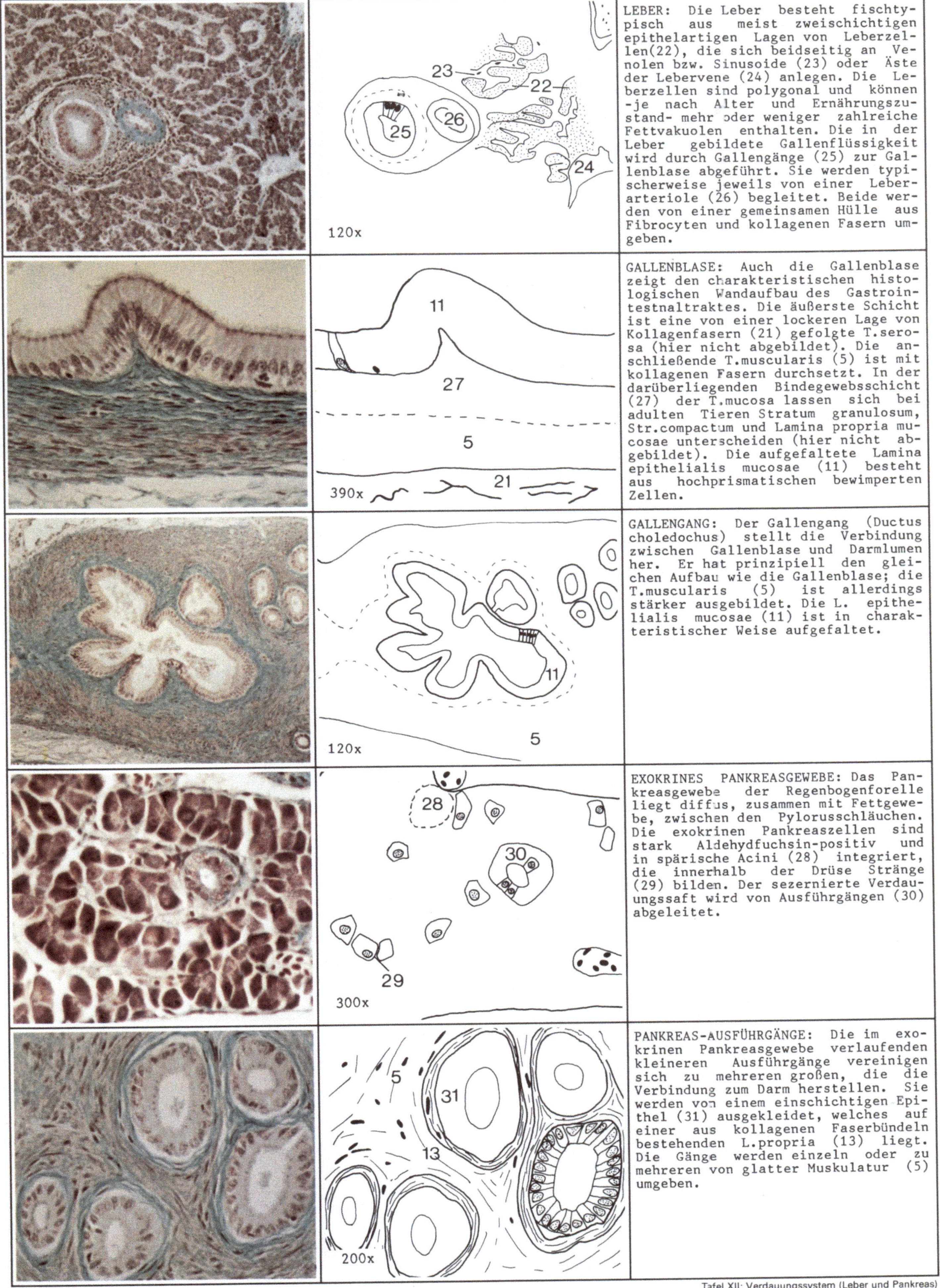

LEBER: Die Leber besteht fischtypisch aus meist zweischichtigen epithelartigen Lagen von Leberzellen(22), die sich beidseitig an Venolen bzw. Sinusoide (23) oder Äste der Lebervene (24) anlegen. Die Leberzellen sind polygonal und können -je nach Alter und Ernährungszustand- mehr oder weniger zahlreiche Fettvakuolen enthalten. Die in der Leber gebildete Gallenflüssigkeit wird durch Gallengänge (25) zur Gallenblase abgeführt. Sie werden typischerweise jeweils von einer Leberarteriole (26) begleitet. Beide werden von einer gemeinsamen Hülle aus Fibrocyten und kollagenen Fasern umgeben.

GALLENBLASE: Auch die Gallenblase zeigt den charakteristischen histologischen Wandaufbau des Gastrointestnaltraktes. Die äußerste Schicht ist eine von einer lockeren Lage von Kollagenfasern (21) gefolgte T.serosa (hier nicht abgebildet). Die anschließende T.muscularis (5) ist mit kollagenen Fasern durchsetzt. In der darüberliegenden Bindegewebsschicht (27) der T.mucosa lassen sich bei adulten Tieren Stratum granulosum, Str.compactum und Lamina propria mucosae unterscheiden (hier nicht abgebildet). Die aufgefaltete Lamina epithelialis mucosae (11) besteht aus hochprismatischen bewimperten Zellen.

GALLENGANG: Der Gallengang (Ductus choledochus) stellt die Verbindung zwischen Gallenblase und Darmlumen her. Er hat prinzipiell den gleichen Aufbau wie die Gallenblase; die T.muscularis (5) ist allerdings stärker ausgebildet. Die L. epithelialis mucosae (11) ist in charakteristischer Weise aufgefaltet.

EXOKRINES PANKREASGEWEBE: Das Pankreasgewebe der Regenbogenforelle liegt diffus, zusammen mit Fettgewebe, zwischen den Pylorusschläuchen. Die exokrinen Pankreaszellen sind stark Aldehydfuchsin-positiv und in spärische Acini (28) integriert, die innerhalb der Drüse Stränge (29) bilden. Der sezernierte Verdauungssaft wird von Ausführgängen (30) abgeleitet.

PANKREAS-AUSFÜHRGÄNGE: Die im exokrinen Pankreasgewebe verlaufenden kleineren Ausführgänge vereinigen sich zu mehreren großen, die die Verbindung zum Darm herstellen. Sie werden von einem einschichtigen Epithel (31) ausgekleidet, welches auf einer aus kollagenen Faserbündeln bestehenden L.propria (13) liegt. Die Gänge werden einzeln oder zu mehreren von glatter Muskulatur (5) umgeben.

120x
390x
120x
300x
200x

Histologie der Regenbogenforelle

Tafel XII: Verdauungssystem (Leber und Pankreas)

HORMONSYSTEM

Das Hormonsystem der Regenbogenforelle entspricht weitgehend dem allgemeinen Vertebratenschema. Es besteht aus dem magnozellulären und dem parvizellulären System des Hypothalamus, der Hypophyse, der Thyreoidea, den Ultimobranchialkörpern, den steroidogenen und catecholaminergen Adrenalkomponenten, den endokrinen Gonadenanteilen, der Epiphyse, der Urophysis caudalis und den hormonproduzierenden Anteilen des Gastrointestinaltraktes. Die endokrinen Funktionen der Stannius-Körper und des Thymus sind umstritten.

Zum Endokrinium der höheren Vertebraten existieren einige Unterschiede. So besteht die Neurohypophyse der Regenbogenforelle, wie die aller Teleostei, aus fingerförmig verzweigten Auswüchsen der Infundibulumregion des Hypothalamus. Diese sind eng mit dem Zwischenlappen der Adenohypophyse assoziiert und bilden mit diesem die morphologische Einheit des Neurointermediärlappens. Die tetrapodentypische Pars nervosa fehlt. Bei den Teleosteern besteht der Vorderlappen der Adenohypophyse (Pars distalis) aus zwei durch bestimmte Zelltypen charakterisierten Teilen (rostrale und proximale Pars distalis). Die ebenfalls tetrapodentypische Pars infundibularis fehlt. Die Teleosteer besitzen kein hypophysäres Portalsystem.

Weiterhin hat die Thyreoidea, wie die der meisten Teleosteer, keine Bindegewebskapsel. Die Follikel liegen vielmehr frei im Unterkiefer und begleiten meist die ventrale Aorta. Das Interrenalgewebe und das chromaffine Gewebe liegen jeweils getrennt als Zellperlen im lymphoiden Gewebe des Kopfniere bzw. im cranialen Bereich der exkretorischen Niere. Die Urophysis caudalis ist eine Spezialität der Fische.

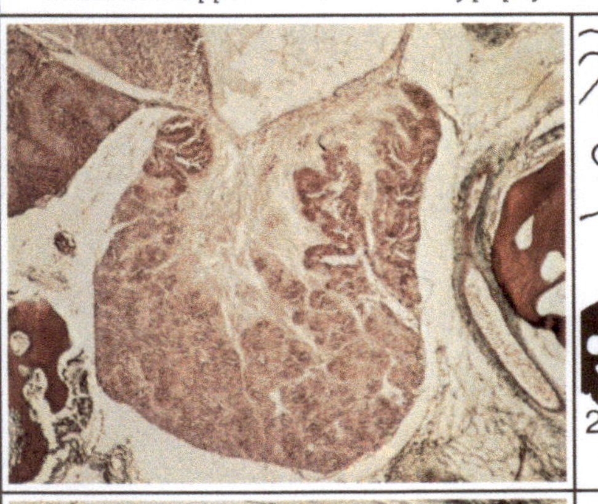

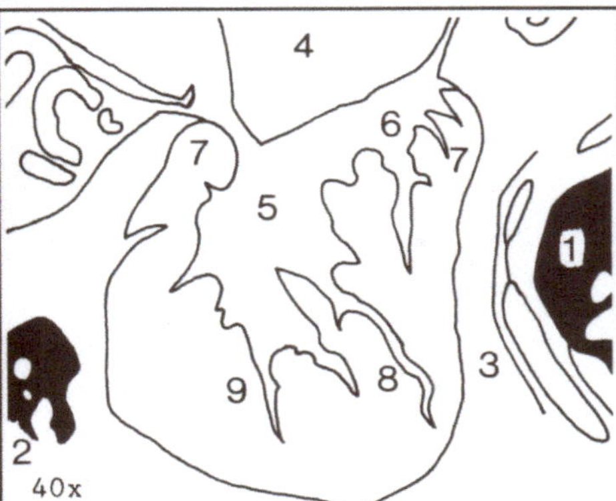

HYPOPHYSE (Längsschnitt): Die Hypophyse liegt zwischen dem Basisphenoid (1) und dem Prooticum (2) in der Fenestra hypophyseos (3). Unter dem 3.Ventrikel (4) befindet sich die verzweigte Neurohypophyse (5), die wie die Eminentia mediana (6) in die Adenohypophyse eindringt. Die rostrale Pars distalis (7) umgibt den dorsalen Bereich der Neurohypophyse schräg trichterförmig; die proximale pars distalis (8) nimmt den rostroventralen Bereich des Organs ein. Der restliche Anteil wird vorwiegend von dem aus Neurohypophysenausläufern und der Pars intermedia gebildeten Neurointermediärlappen (9) eingenommen.

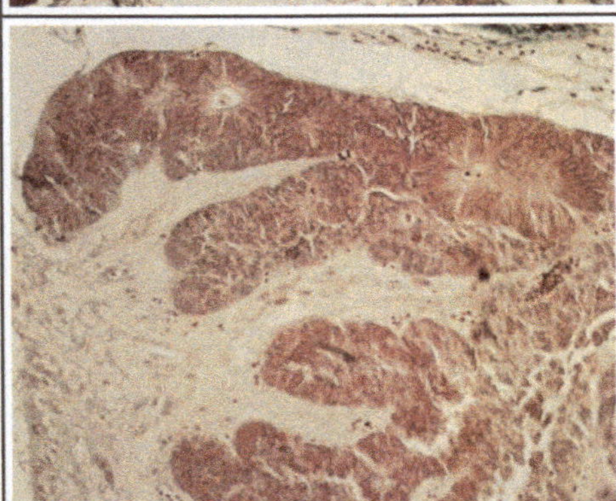

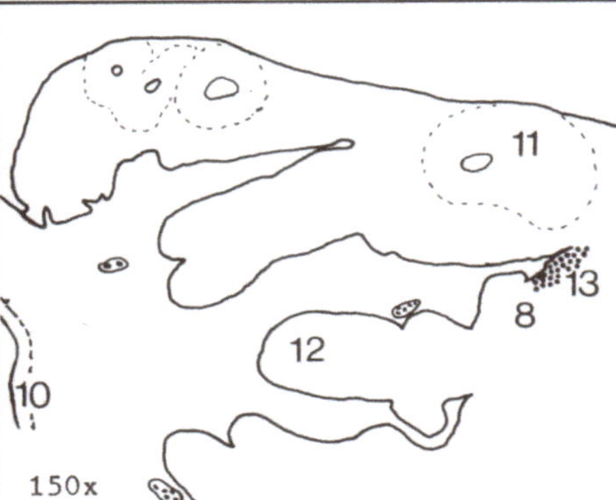

HYPOPHYSE (Längsschnitt, Detail): In die rostrale Pars distalis dringen fingerförmige Ausläufer der Eminentia mediana (6) ein. Diese bestehen aus Glia, Nervenfasern mit modifizierten Axonendigungen und Blutkapillaren. Die Grenze zum 3. Ventrikel bildet eine Ependymlage (10). Die charakteristische Struktur der rostralen Pars distalis sind die aus acidophilen Zellen bestehenden Prolaktinfollikel (11). Sie unterscheiden sich deutlich in Farbe und Form von den Zellen der proximalen Pars distalis (8). Im caudalen Bereich der RPD liegen STH-Zellen (12). Zwischen den Hypophysenzellen liegen zahlreiche Kapillaren (13).

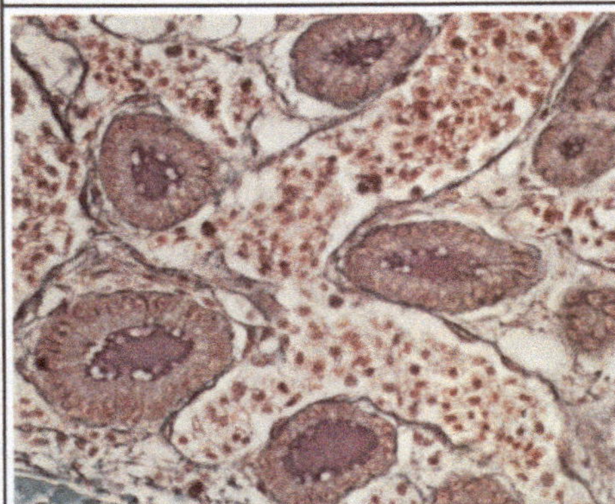

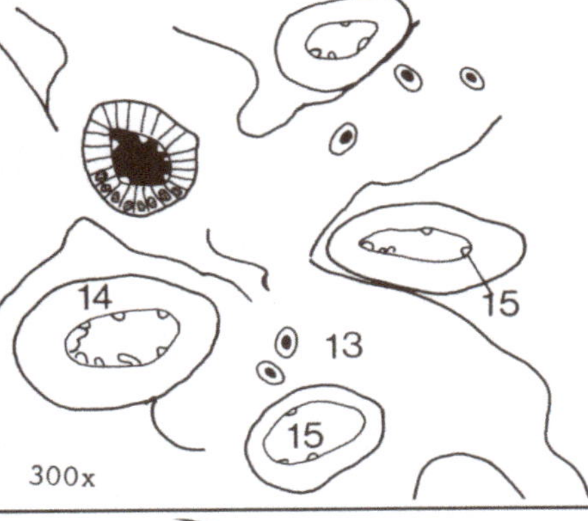

THYREOIDEA: Wie bei allen Wirbeltieren ist der kugelige Follikel die charakteristische Grundeinheit der Schilddrüse. Dieser besteht aus einem einschichtigen Follikelepithel, (14) das -abhängig vom Funktionszustand- flach bis hochprismatisch ausgebildet sein kann. Das Follikellumen ist mit dem sog. Kolloid (15) gefüllt. Hier findet die Biosynthese und die Speicherung der Schilddrüsenhormone statt. An der Grenze zum Epithel treten häufig Vakuolen (16) auf, die als Lyseerscheinungen interpretiert werden. Zwischen den einzelnen Follikeln liegen, wie es allgemein für Hormondrüsen typisch ist, viele Blutkapillaren (13).

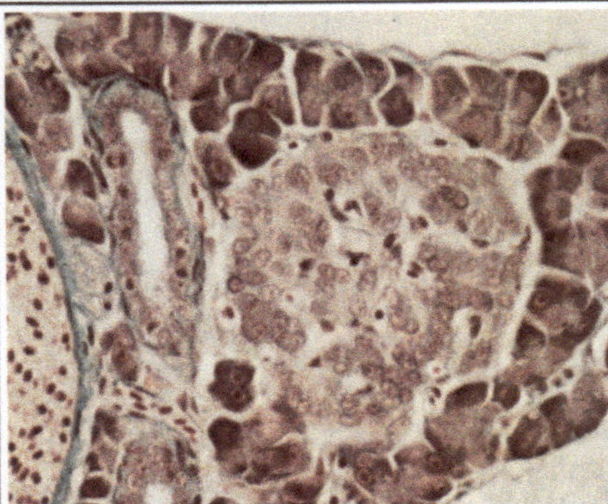

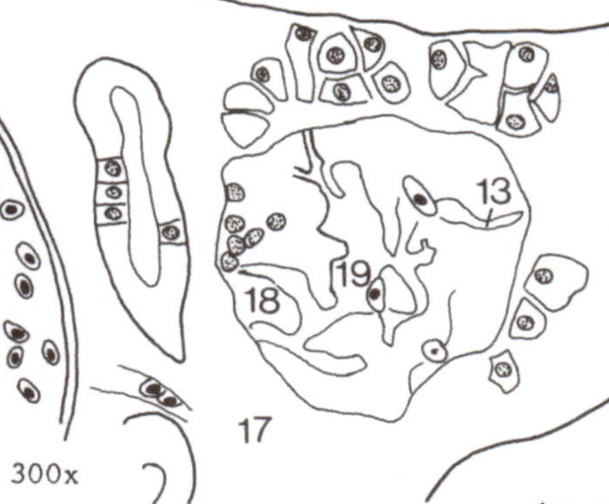

ENDOKRINER PANKREAS: Die anatomischen Grundeinheiten des endokrinen Pankreas sind die Langerhans'schen Inseln (Brockmann'sche Körper), die zerstreut im exokrinen Drüsengewebe (17) der Bauchspeicheldrüse liegen. Sie haben eine nahezu kugelige Form und bestehen vorwiegend aus zwei Zelltypen, den glucagonproduzierenden A-Zellen (18) und den B-Zellen (19), die Insulin synthetisieren. Beide bilden, zusammen mit den weniger zahlreichen D- und X-Zellen epithelartige Lagen, zwischen denen sich viele Blutkapillaren (13) befinden. Das Verhältnis der Anteile von A- und B-Zellen ist altersabhängig unterschiedlich.

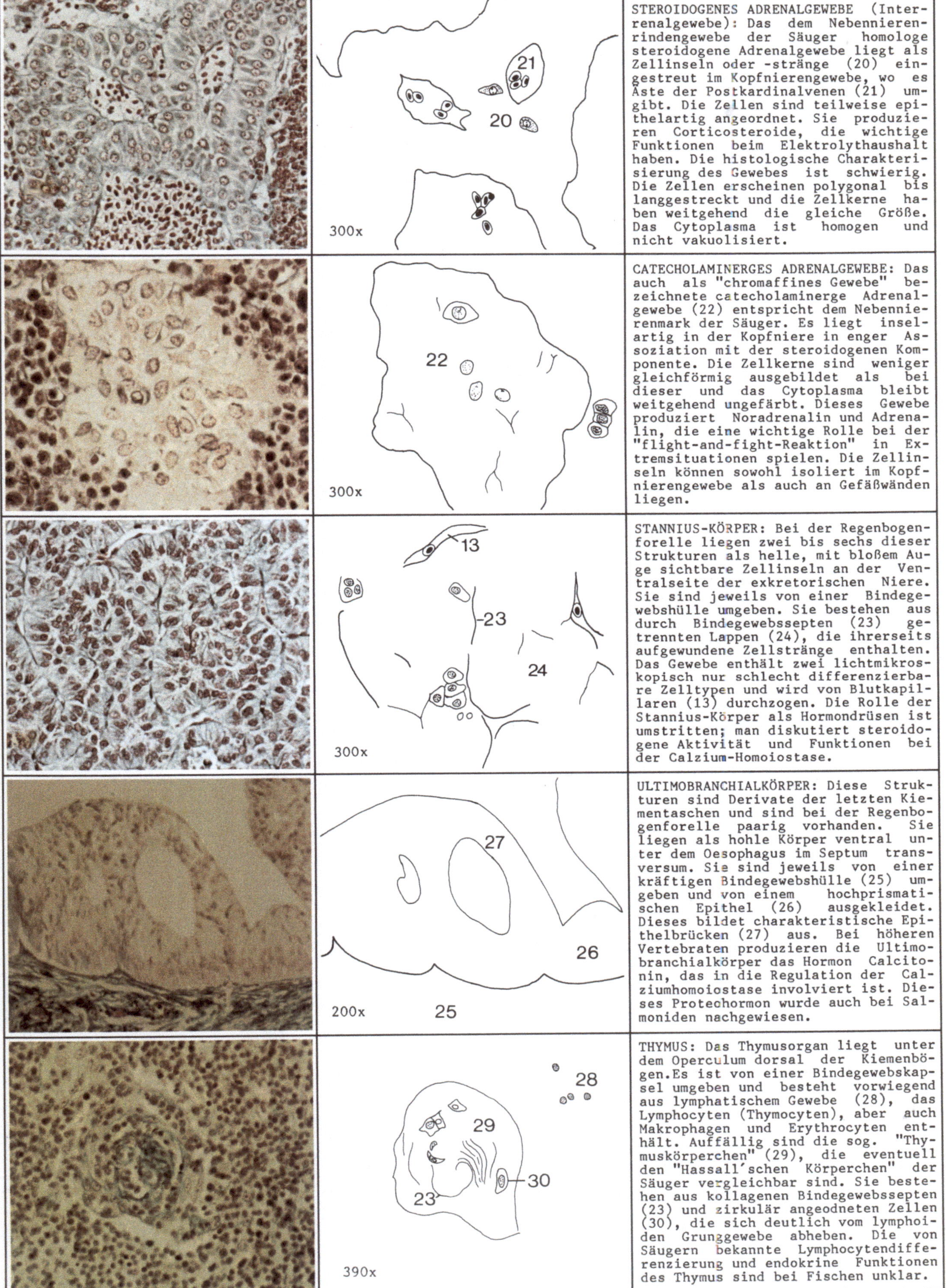

STEROIDOGENES ADRENALGEWEBE (Interrenalgewebe): Das dem Nebennierenrindengewebe der Säuger homologe steroidogene Adrenalgewebe liegt als Zellinseln oder -stränge (20) eingestreut im Kopfnierengewebe, wo es Äste der Postkardinalvenen (21) umgibt. Die Zellen sind teilweise epithelartig angeordnet. Sie produzieren Corticosteroide, die wichtige Funktionen beim Elektrolythaushalt haben. Die histologische Charakterisierung des Gewebes ist schwierig. Die Zellen erscheinen polygonal bis langgestreckt und die Zellkerne haben weitgehend die gleiche Größe. Das Cytoplasma ist homogen und nicht vakuolisiert.

CATECHOLAMINERGES ADRENALGEWEBE: Das auch als "chromaffines Gewebe" bezeichnete catecholaminerge Adrenalgewebe (22) entspricht dem Nebennierenmark der Säuger. Es liegt inselartig in der Kopfniere in enger Assoziation mit der steroidogenen Komponente. Die Zellkerne sind weniger gleichförmig ausgebildet als bei dieser und das Cytoplasma bleibt weitgehend ungefärbt. Dieses Gewebe produziert Noradrenalin und Adrenalin, die eine wichtige Rolle bei der "flight-and-fight-Reaktion" in Extremsituationen spielen. Die Zellinseln können sowohl isoliert im Kopfnierengewebe als auch an Gefäßwänden liegen.

STANNIUS-KÖRPER: Bei der Regenbogenforelle liegen zwei bis sechs dieser Strukturen als helle, mit bloßem Auge sichtbare Zellinseln an der Ventralseite der exkretorischen Niere. Sie sind jeweils von einer Bindegewebshülle umgeben. Sie bestehen aus durch Bindegewebssepten (23) getrennten Lappen (24), die ihrerseits aufgewundene Zellstränge enthalten. Das Gewebe enthält zwei lichtmikroskopisch nur schlecht differenzierbare Zelltypen und wird von Blutkapillaren (13) durchzogen. Die Rolle der Stannius-Körper als Hormondrüsen ist umstritten; man diskutiert steroidogene Aktivität und Funktionen bei der Calzium-Homoiostase.

ULTIMOBRANCHIALKÖRPER: Diese Strukturen sind Derivate der letzten Kiementaschen und sind bei der Regenbogenforelle paarig vorhanden. Sie liegen als hohle Körper ventral unter dem Oesophagus im Septum transversum. Sie sind jeweils von einer kräftigen Bindegewebshülle (25) umgeben und von einem hochprismatischen Epithel (26) ausgekleidet. Dieses bildet charakteristische Epithelbrücken (27) aus. Bei höheren Vertebraten produzieren die Ultimobranchialkörper das Hormon Calcitonin, das in die Regulation der Calziumhomoiostase involviert ist. Dieses Protechormon wurde auch bei Salmoniden nachgewiesen.

THYMUS: Das Thymusorgan liegt unter dem Operculum dorsal der Kiemenbögen. Es ist von einer Bindegewebskapsel umgeben und besteht vorwiegend aus lymphatischem Gewebe (28), das Lymphocyten (Thymocyten), aber auch Makrophagen und Erythrocyten enthält. Auffällig sind die sog. "Thymuskörperchen" (29), die eventuell den "Hassall´schen Körperchen" der Säuger vergleichbar sind. Sie bestehen aus kollagenen Bindegewebssepten (23) und zirkulär angeodneten Zellen (30), die sich deutlich vom lymphoiden Grunggewebe abheben. Die von Säugern bekannte Lymphocytendifferenzierung und endokrine Funktionen des Thymus sind bei Fischen unklar.

Histologie der Regenbogenforelle

Tafel XIV: Hormonsystem (Adrenalgewebe, Stannius-Körper, Ultimobranchialkörper, Thymus)

CIRCUMVENTRICULÄRE ORGANE

Bei allen Wirbeltieren kommen organartige Bildungen vor, an deren Aufbau das die Höhlungen des Zentralnervensystems auskleidende Gliagewebe, das Ependym, beteiligt ist. Hierbei kann letzteres unterschiedliche Anteile haben. Man nennt diese Strukturen circumventriculäre Organe. Zu diesen gehört u.a. die Neurohypophyse, die bereits im Rahmen des Hormonsystems abgehandelt wurde (S. Tafel "Hormonsystem"). Weitere Organe dieser Gruppe sind die Epiphyse, die Paraphyse, der Saccus dorsalis, der Saccus vasculosus, das Organum vasculosum laminae terminalis (OVLT), das Organum vasculosum hypothalami (Paraventrikularorgan, PVO), das Subkommissuralorgan (SKO) und die Urophysis caudalis (Neurohypophysis spinalis). Die circumventriculären Organe entstehen in oder nahe der Medianlinie der Hirnanlage, meist im Bereich des Diencephalon.

Allgemein können diese Organe sezernierende Zellen, neuronale Elemente und auch Sinneszellen enthalten. Jedes Organ hat ein spezifisches Gefäßmuster. Meist ist ein perivaskulärer Bindegewebsraum vorhanden.

Man gliedert die circumventriculären Organe nach ihren jeweiligen Hauptkomponenten in drei verschiedene Gruppen. Zu den sog. Ependymorganen gehören das SKO und das PVO. Bei den Hypendymorganen bildet das unter dem Ependym gelegene Gewebe die Hauptkomponente. Zu diesen zählen z.B. das OVLT, die Neurohypophyse und die Epiphyse. Die dritte Gruppe stellen die sog. chorioiden Organe dar. Sie sind dadurch charakterisiert, daß sie extrem gefäßreich sind. Zu ihnen gehören der Saccus dorsalis, der Saccus vasculosus und die bei der adulten Regenbogenforelle nur noch rudimentär vorhandene Paraphyse.

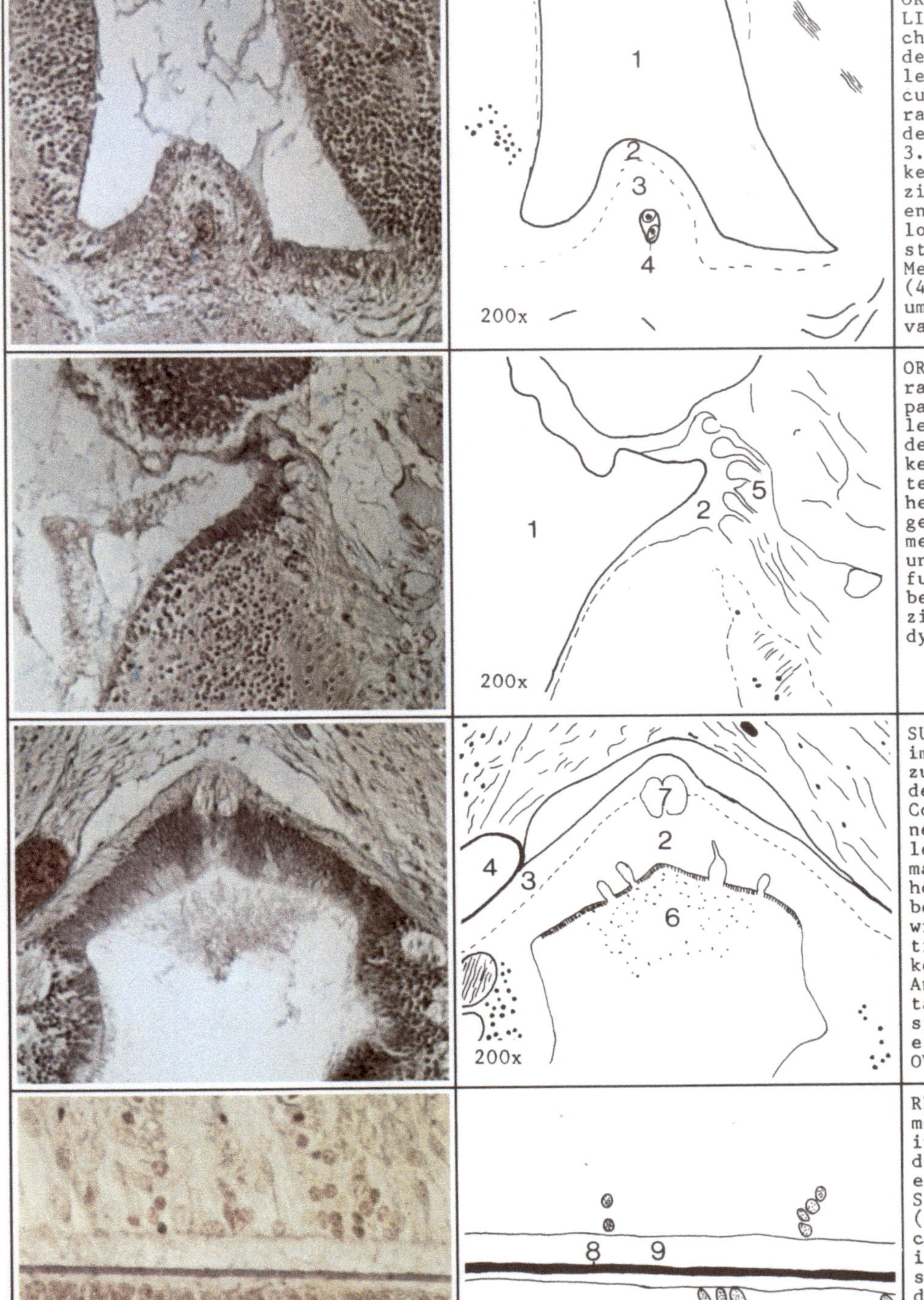

ORGANUM VASCULOSUM LAMINAE TERMINALIS: Das OVLT liegt in enger räumlicher Beziehung zur Eminentia mediana des Hypothalamus etwa an der caudalen Eintrittstelle des Chiasma opticum im Boden des Diencephalon. Es ragt als langgestreckter Wulst auf der Medianlinie des Gehirnes in den 3. Ventrikel (1) hinein. Das bedeckende Ependym (2) ist nicht modifiziert und das darunterliegende hypendymale Gewebe (3) erscheint als lockere Fasermasse. Das Charakteristikum dieses Organs ist ein in der Medianlinie liegendes Zentralgefäß (4), von dem aus Kapillaren in das umliegende Gewebe ziehen. Ein perivaskulärer Bindegewebsraum fehlt.

ORGANUM VASCULOSUM HYPOTHALAMI (Paraventrikularorgan): Das PVO ist ein paariges Organ und liegt im rostralen Hypothalamusbereich jeweils in den lateralen Wänden des 3. Ventrikels (1). Im Gegensatz zum OVLT unterscheidet sich hier das überziehende Ependym (2) von dem der umliegenden Bereiche. Die Zellen sind mehr oder weniger hochprismatisch und zeigen eine distinkte Aldehydfuchsin-positive Färbung. Sie sind bewimpert. Hypendymale Fasern (5) ziehen deutlich erkennbar zum Ependym.

SUBKOMMISSURALORGAN: Das SKO liegt im Übergangsbereich des Diencephalon zum Mesencephalon im caudalen Rand des Epithalamus direkt unter der Commissura posterior. Es ist in einen deutlich ausgeprägten ependymalen (2) und einen flacheren hypendymalen Bereich (3) gegliedert. Die hochprismatischen Ependymzellen sind bewimpert und sekretorisch aktiv; es wird ein stark aldehydfuchsin-positives Material (6) in den 3. Ventrikel abgegeben. Mit dem hypendymalen Anteil treten Blutgefäße (4) in Kontakt. Der langgestreckte Epiphysenstiel (7) dringt in die Hypendymlage ein und mündet im Caudalteil des OVLT in den 3. Ventrikel.

REISSNER'SCHER FADEN: Das von den modifizierten Ependymzellen des SKO in den 3. Ventrikel abgegebene aldehydfuchsin-positive Material vereinigt sich zu einer fadenförmigen Struktur, dem Reißner'schen Faden (8). Dieser zieht über den Aquaedukt caudad durch den Hirnentrikel, tritt in den Lumbalkanal (9) ein und endet schließlich als Filum terminale in dessen äußerstem Caudalteil. Die Funktion des Reißner'schen Fadens ist unklar.

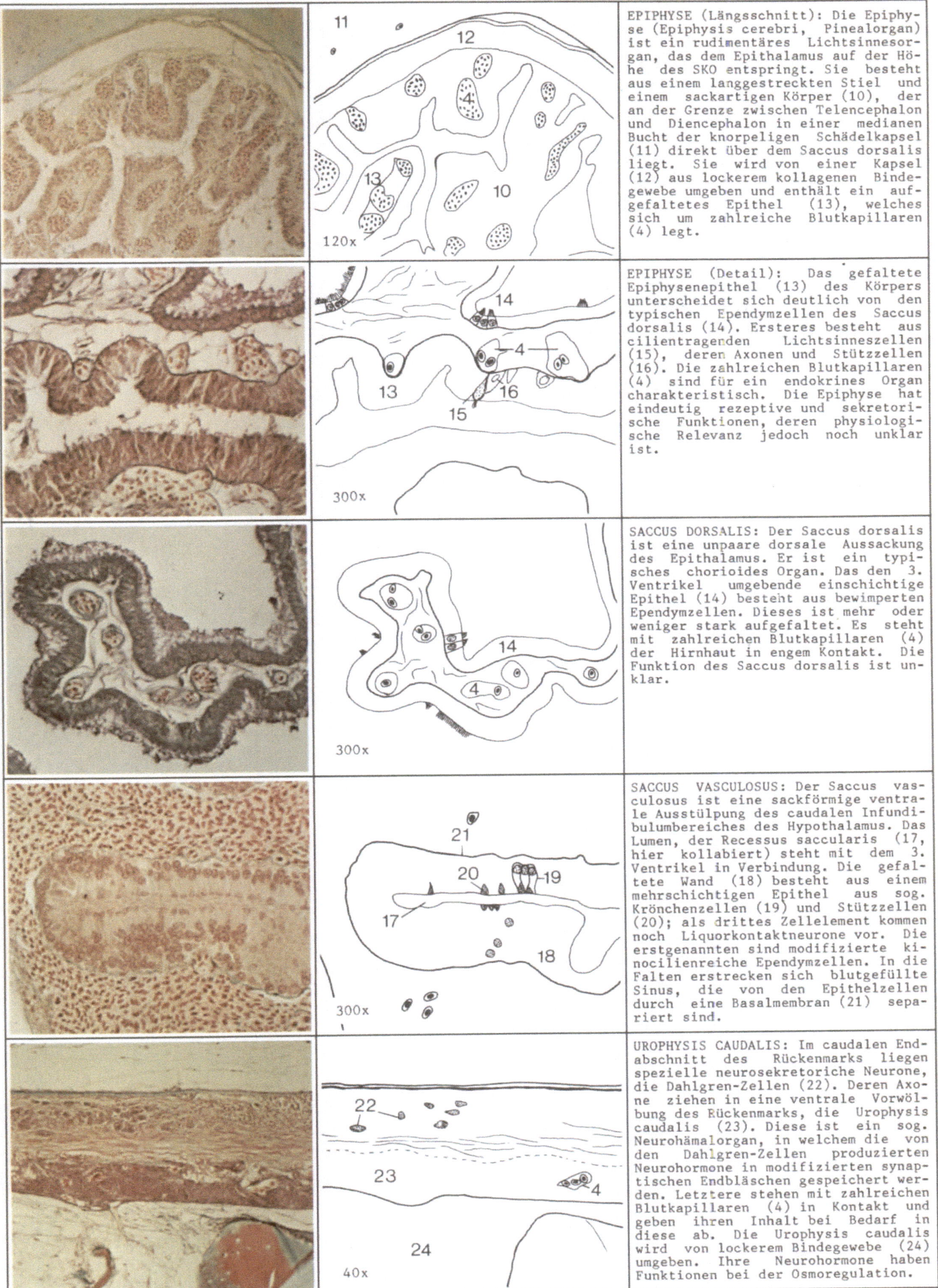

EPIPHYSE (Längsschnitt): Die Epiphyse (Epiphysis cerebri, Pinealorgan) ist ein rudimentäres Lichtsinnesorgan, das dem Epithalamus auf der Höhe des SKO entspringt. Sie besteht aus einem langgestreckten Stiel und einem sackartigen Körper (10), der an der Grenze zwischen Telencephalon und Diencephalon in einer medianen Bucht der knorpeligen Schädelkapsel (11) direkt über dem Saccus dorsalis liegt. Sie wird von einer Kapsel (12) aus lockerem kollagenen Bindegewebe umgeben und enthält ein aufgefaltetes Epithel (13), welches sich um zahlreiche Blutkapillaren (4) legt.

EPIPHYSE (Detail): Das gefaltete Epiphysenepithel (13) des Körpers unterscheidet sich deutlich von den typischen Ependymzellen des Saccus dorsalis (14). Ersteres besteht aus cilientragenden Lichtsinneszellen (15), deren Axonen und Stützzellen (16). Die zahlreichen Blutkapillaren (4) sind für ein endokrines Organ charakteristisch. Die Epiphyse hat eindeutig rezeptive und sekretorische Funktionen, deren physiologische Relevanz jedoch noch unklar ist.

SACCUS DORSALIS: Der Saccus dorsalis ist eine unpaare dorsale Aussackung des Epithalamus. Er ist ein typisches chorioides Organ. Das den 3. Ventrikel umgebende einschichtige Epithel (14) besteht aus bewimperten Ependymzellen. Dieses ist mehr oder weniger stark aufgefaltet. Es steht mit zahlreichen Blutkapillaren (4) der Hirnhaut in engem Kontakt. Die Funktion des Saccus dorsalis ist unklar.

SACCUS VASCULOSUS: Der Saccus vasculosus ist eine sackförmige ventrale Ausstülpung des caudalen Infundibulumbereiches des Hypothalamus. Das Lumen, der Recessus saccularis (17, hier kollabiert) steht mit dem 3. Ventrikel in Verbindung. Die gefaltete Wand (18) besteht aus einem mehrschichtigen Epithel aus sog. Krönchenzellen (19) und Stützzellen (20); als drittes Zellelement kommen noch Liquorkontaktneurone vor. Die erstgenannten sind modifizierte kinocilienreiche Ependymzellen. In die Falten erstrecken sich blutgefüllte Sinus, die von den Epithelzellen durch eine Basalmembran (21) separiert sind.

UROPHYSIS CAUDALIS: Im caudalen Endabschnitt des Rückenmarks liegen spezielle neurosekretorische Neurone, die Dahlgren-Zellen (22). Deren Axone ziehen in eine ventrale Vorwölbung des Rückenmarks, die Urophysis caudalis (23). Diese ist ein sog. Neurohämalorgan, in welchem die von den Dahlgren-Zellen produzierten Neurohormone in modifizierten synaptischen Endbläschen gespeichert werden. Letztere stehen mit zahlreichen Blutkapillaren (4) in Kontakt und geben ihren Inhalt bei Bedarf in diese ab. Die Urophysis caudalis wird von lockerem Bindegewebe (24) umgeben. Ihre Neurohormone haben Funktionen bei der Osmoregulation.

BLUTZELLEN UND GRANULIERTE ZELLEN

Die Hauptblutbildungsstätte ist die Kopfniere. Der relative Anteil des hämatopoetischen Gewebes am gesamten Nierengewebe beträgt etwa 64%. Weitere blutbildende Organe sind die Milz und der Darm. Das rote Knochenmark, das bei höheren Vertebraten Blutbildungsstätte ist, fehlt bei den Teleosteern. Offenbar gelangen auch unreife Blutzellen aus den Bildungsorganen leicht direkt ins Blut, wo sie dann mit adäquaten Methoden nachgewiesen werden können. Rote Blutzellen, die Erythrocyten, scheinen zum Teil im peripheren Blut auszureifen. Als wichtiges Abbauorgan der Blutzellen gilt die Milz. Es wurde für die Fische allgemein vielfach und mit unterschiedlichen Meinungen die Frage diskutiert, ob eine oder mehrere Stammzellen in den haematopoetischen Bereichen vorkommen. Man favorisiert heute die Auffassung, daß alle Blutzelltypen aus einer gemeinsamen Stammzelle entstehen (monophyletische Blutzellbildung).

Außerdem kommen in Geweben frei bewegliche, große Granula oder Pigmente enthaltende Zellen vor. Diese erscheinen aber nur ausnahmsweise (z.B. bei bestimmten Infektionen) im peripheren Blut.

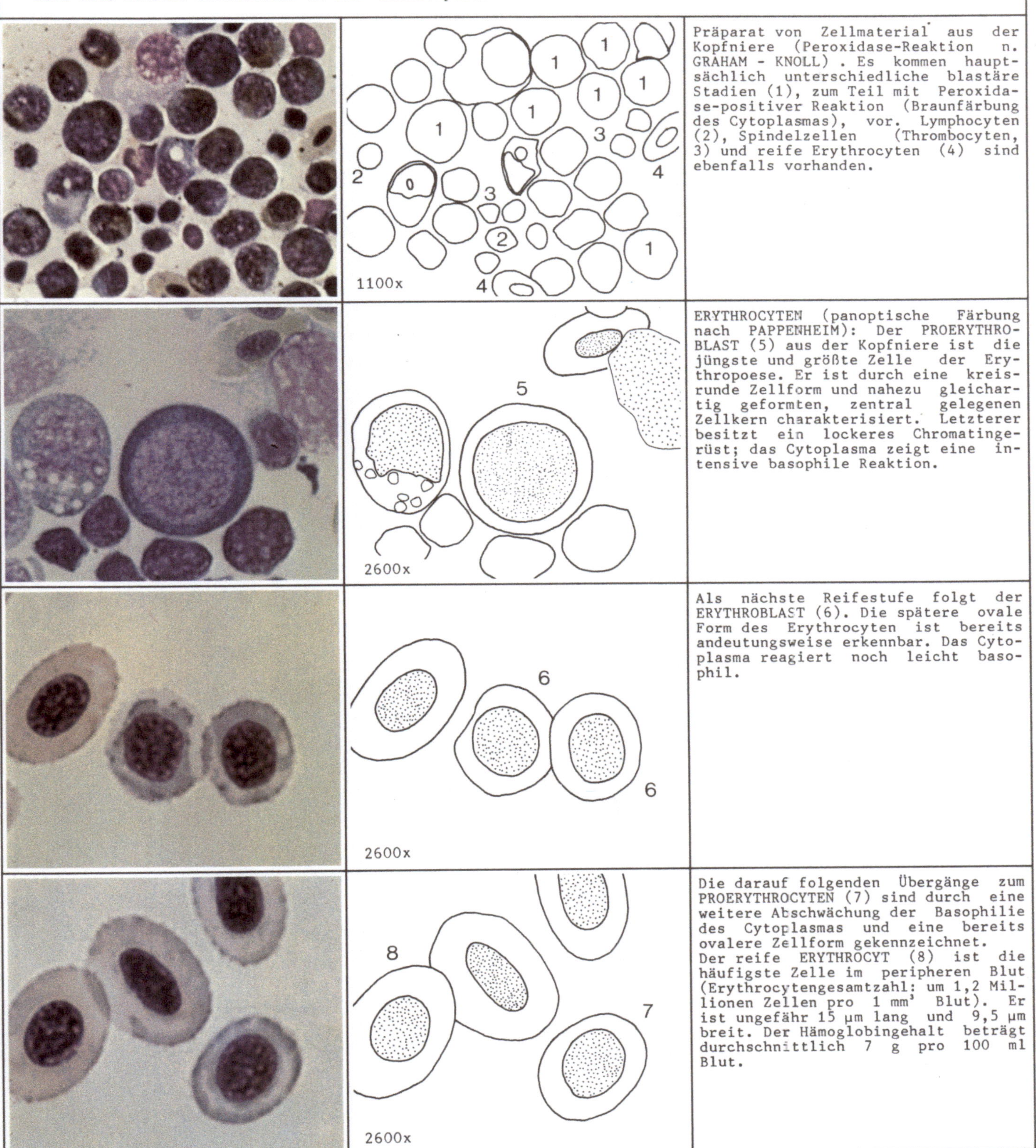

Präparat von Zellmaterial aus der Kopfniere (Peroxidase-Reaktion n. GRAHAM - KNOLL). Es kommen hauptsächlich unterschiedliche blastäre Stadien (1), zum Teil mit Peroxidase-positiver Reaktion (Braunfärbung des Cytoplasmas), vor. Lymphocyten (2), Spindelzellen (Thrombocyten, 3) und reife Erythrocyten (4) sind ebenfalls vorhanden.

1100x

ERYTHROCYTEN (panoptische Färbung nach PAPPENHEIM): Der PROERYTHROBLAST (5) aus der Kopfniere ist die jüngste und größte Zelle der Erythropoese. Er ist durch eine kreisrunde Zellform und nahezu gleichartig geformten, zentral gelegenen Zellkern charakterisiert. Letzterer besitzt ein lockeres Chromatingerüst; das Cytoplasma zeigt eine intensive basophile Reaktion.

2600x

Als nächste Reifestufe folgt der ERYTHROBLAST (6). Die spätere ovale Form des Erythrocyten ist bereits andeutungsweise erkennbar. Das Cytoplasma reagiert noch leicht basophil.

2600x

Die darauf folgenden Übergänge zum PROERYTHROCYTEN (7) sind durch eine weitere Abschwächung der Basophilie des Cytoplasmas und eine bereits ovalere Zellform gekennzeichnet.
Der reife ERYTHROCYT (8) ist die häufigste Zelle im peripheren Blut (Erythrocytengesamtzahl: um 1,2 Millionen Zellen pro 1 mm³ Blut). Er ist ungefähr 15 µm lang und 9,5 µm breit. Der Hämoglobingehalt beträgt durchschnittlich 7 g pro 100 ml Blut.

2600x

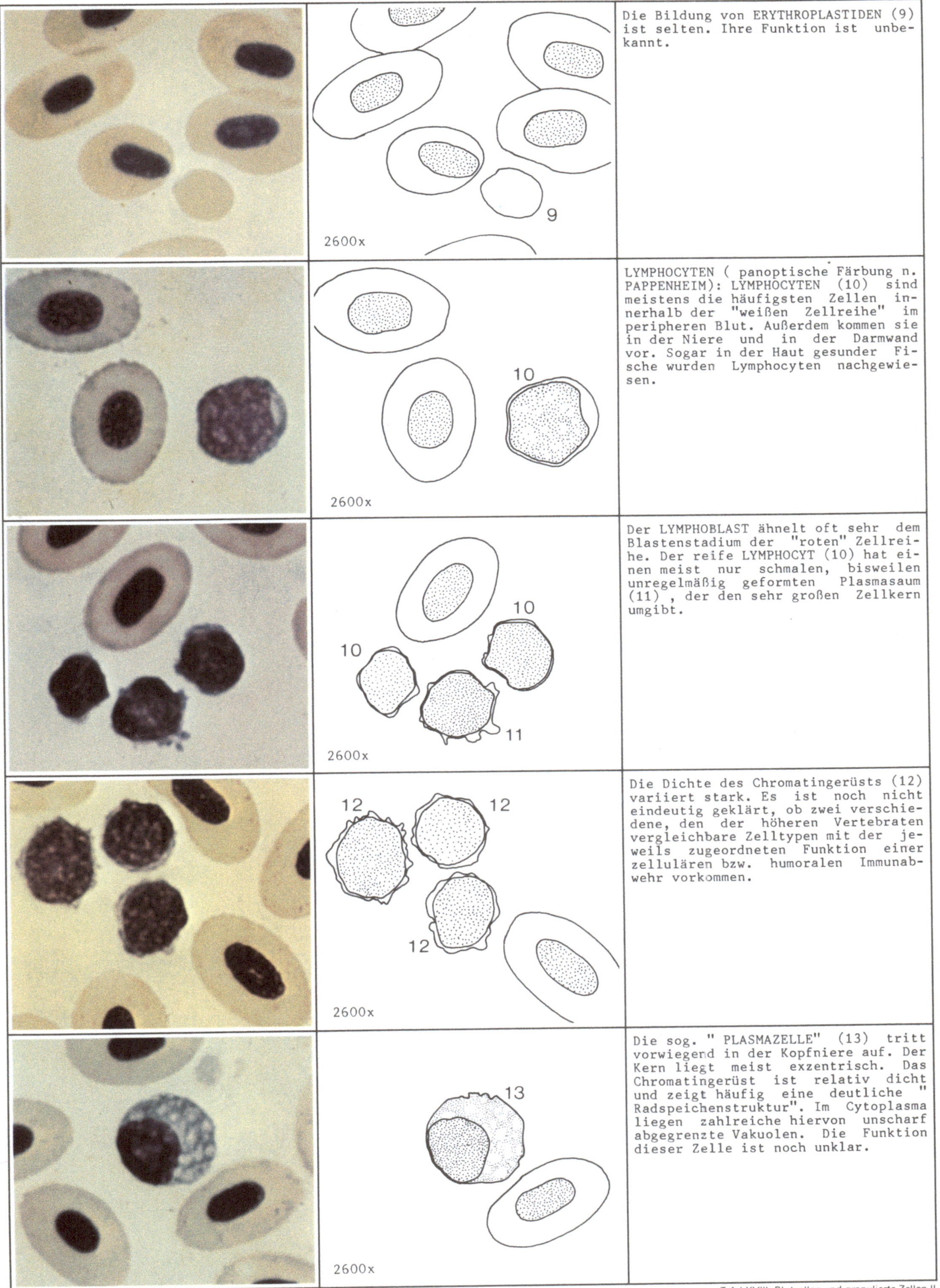

Die Bildung von ERYTHROPLASTIDEN (9) ist selten. Ihre Funktion ist unbekannt.

2600x
9

LYMPHOCYTEN (panoptische Färbung n. PAPPENHEIM): LYMPHOCYTEN (10) sind meistens die häufigsten Zellen innerhalb der "weißen Zellreihe" im peripheren Blut. Außerdem kommen sie in der Niere und in der Darmwand vor. Sogar in der Haut gesunder Fische wurden Lymphocyten nachgewiesen.

10
2600x

Der LYMPHOBLAST ähnelt oft sehr dem Blastenstadium der "roten" Zellreihe. Der reife LYMPHOCYT (10) hat einen meist nur schmalen, bisweilen unregelmäßig geformten Plasmasaum (11) , der den sehr großen Zellkern umgibt.

10
10
11
2600x

Die Dichte des Chromatingerüsts (12) variiert stark. Es ist noch nicht eindeutig geklärt, ob zwei verschiedene, den der höheren Vertebraten vergleichbare Zelltypen mit der jeweils zugeordneten Funktion einer zellulären bzw. humoralen Immunabwehr vorkommen.

12
12
12
2600x

Die sog. " PLASMAZELLE" (13) tritt vorwiegend in der Kopfniere auf. Der Kern liegt meist exzentrisch. Das Chromatingerüst ist relativ dicht und zeigt häufig eine deutliche " Radspeichenstruktur". Im Cytoplasma liegen zahlreiche hiervon unscharf abgegrenzte Vakuolen. Die Funktion dieser Zelle ist noch unklar.

13
2600x

Histologie der Regenbogenforelle
Tafel XVIII: Blutzellen und granulierte Zellen II

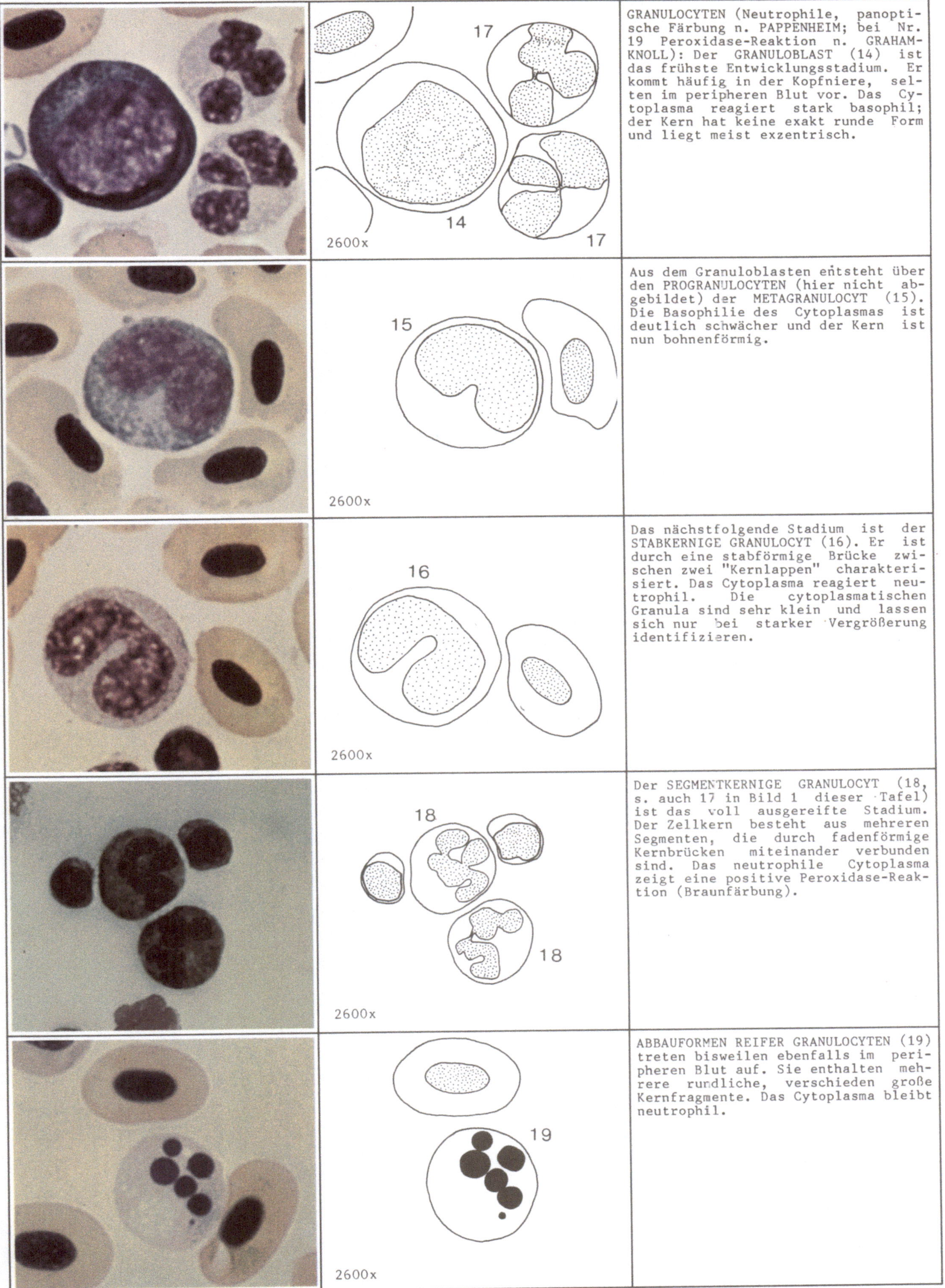

GRANULOCYTEN (Neutrophile, panoptische Färbung n. PAPPENHEIM; bei Nr. 19 Peroxidase-Reaktion n. GRAHAM-KNOLL): Der GRANULOBLAST (14) ist das frühste Entwicklungsstadium. Er kommt häufig in der Kopfniere, selten im peripheren Blut vor. Das Cytoplasma reagiert stark basophil; der Kern hat keine exakt runde Form und liegt meist exzentrisch.

Aus dem Granuloblasten entsteht über den PROGRANULOCYTEN (hier nicht abgebildet) der METAGRANULOCYT (15). Die Basophilie des Cytoplasmas ist deutlich schwächer und der Kern ist nun bohnenförmig.

Das nächstfolgende Stadium ist der STABKERNIGE GRANULOCYT (16). Er ist durch eine stabförmige Brücke zwischen zwei "Kernlappen" charakterisiert. Das Cytoplasma reagiert neutrophil. Die cytoplasmatischen Granula sind sehr klein und lassen sich nur bei starker Vergrößerung identifizieren.

Der SEGMENTKERNIGE GRANULOCYT (18, s. auch 17 in Bild 1 dieser Tafel) ist das voll ausgereifte Stadium. Der Zellkern besteht aus mehreren Segmenten, die durch fadenförmige Kernbrücken miteinander verbunden sind. Das neutrophile Cytoplasma zeigt eine positive Peroxidase-Reaktion (Braunfärbung).

ABBAUFORMEN REIFER GRANULOCYTEN (19) treten bisweilen ebenfalls im peripheren Blut auf. Sie enthalten mehrere rundliche, verschieden große Kernfragmente. Das Cytoplasma bleibt neutrophil.

Histologie der Regenbogenforelle

Tafel XIX: Blutzellen und granulierte Zellen III

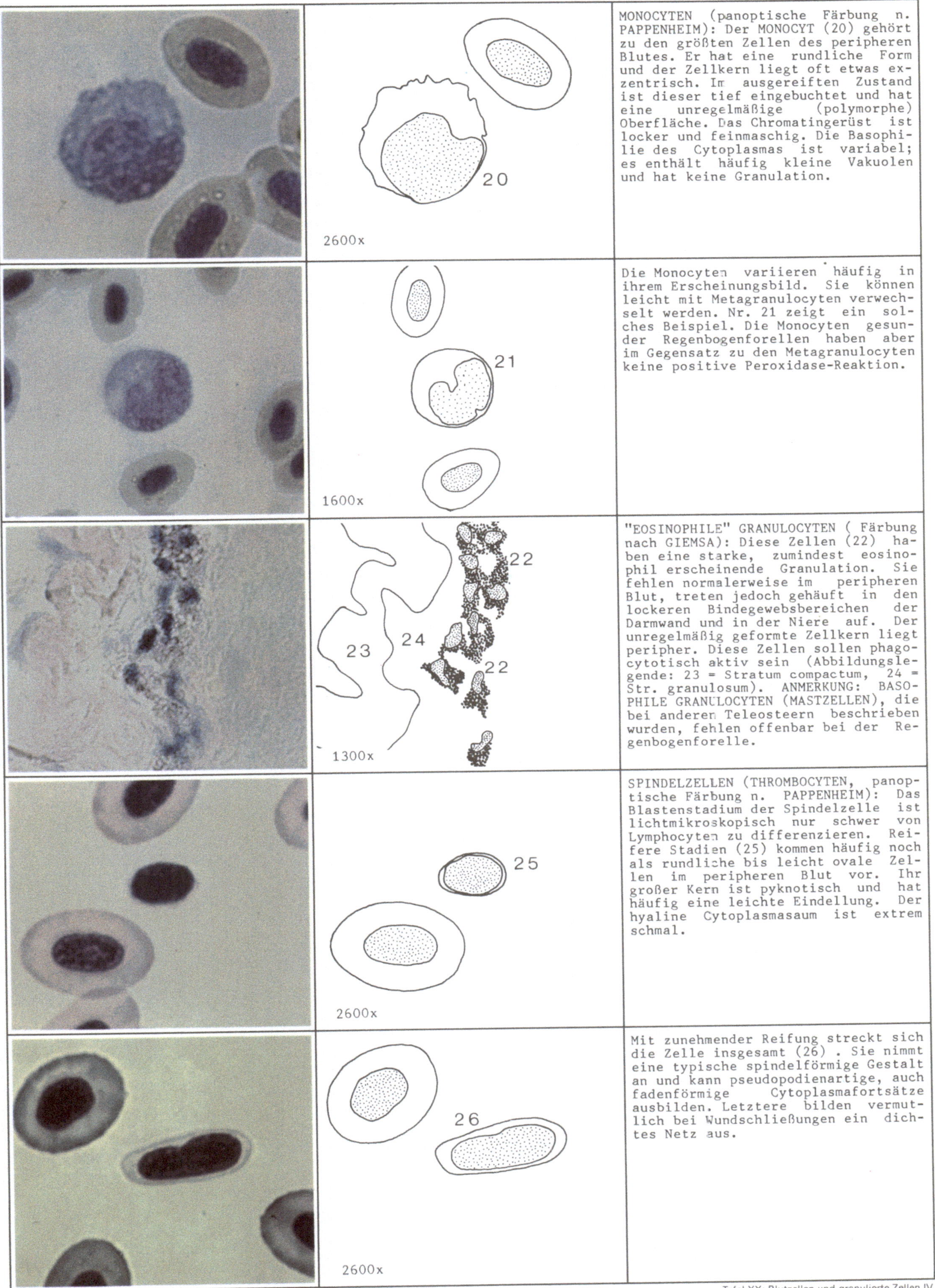

MONOCYTEN (panoptische Färbung n. PAPPENHEIM): Der MONOCYT (20) gehört zu den größten Zellen des peripheren Blutes. Er hat eine rundliche Form und der Zellkern liegt oft etwas exzentrisch. Im ausgereiften Zustand ist dieser tief eingebuchtet und hat eine unregelmäßige (polymorphe) Oberfläche. Das Chromatingerüst ist locker und feinmaschig. Die Basophilie des Cytoplasmas ist variabel; es enthält häufig kleine Vakuolen und hat keine Granulation.

2600x

Die Monocyten variieren häufig in ihrem Erscheinungsbild. Sie können leicht mit Metagranulocyten verwechselt werden. Nr. 21 zeigt ein solches Beispiel. Die Monocyten gesunder Regenbogenforellen haben aber im Gegensatz zu den Metagranulocyten keine positive Peroxidase-Reaktion.

1600x

"EOSINOPHILE" GRANULOCYTEN (Färbung nach GIEMSA): Diese Zellen (22) haben eine starke, zumindest eosinophil erscheinende Granulation. Sie fehlen normalerweise im peripheren Blut, treten jedoch gehäuft in den lockeren Bindegewebsbereichen der Darmwand und in der Niere auf. Der unregelmäßig geformte Zellkern liegt peripher. Diese Zellen sollen phagocytotisch aktiv sein (Abbildungslegende: 23 = Stratum compactum, 24 = Str. granulosum). ANMERKUNG: BASOPHILE GRANULOCYTEN (MASTZELLEN), die bei anderen Teleosteern beschrieben wurden, fehlen offenbar bei der Regenbogenforelle.

1300x

SPINDELZELLEN (THROMBOCYTEN, panoptische Färbung n. PAPPENHEIM): Das Blastenstadium der Spindelzelle ist lichtmikroskopisch nur schwer von Lymphocyten zu differenzieren. Reifere Stadien (25) kommen häufig noch als rundliche bis leicht ovale Zellen im peripheren Blut vor. Ihr großer Kern ist pyknotisch und hat häufig eine leichte Eindellung. Der hyaline Cytoplasmasaum ist extrem schmal.

2600x

Mit zunehmender Reifung streckt sich die Zelle insgesamt (26) . Sie nimmt eine typische spindelförmige Gestalt an und kann pseudopodienartige, auch fadenförmige Cytoplasmafortsätze ausbilden. Letztere bilden vermutlich bei Wundschließungen ein dichtes Netz aus.

2600x

Histologie der Regenbogenforelle

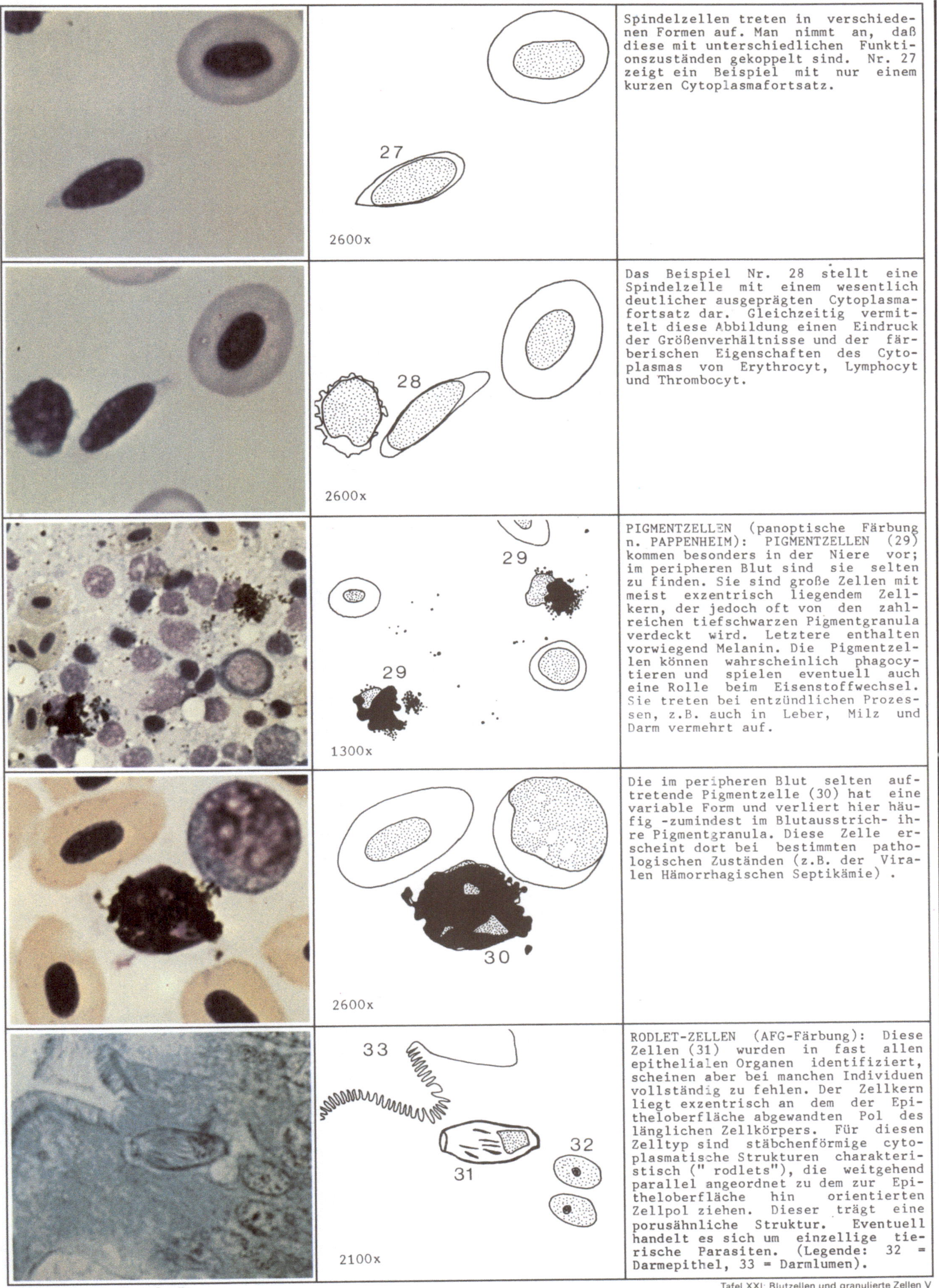

Spindelzellen treten in verschiedenen Formen auf. Man nimmt an, daß diese mit unterschiedlichen Funktionszuständen gekoppelt sind. Nr. 27 zeigt ein Beispiel mit nur einem kurzen Cytoplasmafortsatz.

27

2600x

Das Beispiel Nr. 28 stellt eine Spindelzelle mit einem wesentlich deutlicher ausgeprägten Cytoplasmafortsatz dar. Gleichzeitig vermittelt diese Abbildung einen Eindruck der Größenverhältnisse und der färberischen Eigenschaften des Cytoplasmas von Erythrocyt, Lymphocyt und Thrombocyt.

28

2600x

PIGMENTZELLEN (panoptische Färbung n. PAPPENHEIM): PIGMENTZELLEN (29) kommen besonders in der Niere vor; im peripheren Blut sind sie selten zu finden. Sie sind große Zellen mit meist exzentrisch liegendem Zellkern, der jedoch oft von den zahlreichen tiefschwarzen Pigmentgranula verdeckt wird. Letztere enthalten vorwiegend Melanin. Die Pigmentzellen können wahrscheinlich phagocytieren und spielen eventuell auch eine Rolle beim Eisenstoffwechsel. Sie treten bei entzündlichen Prozessen, z.B. auch in Leber, Milz und Darm vermehrt auf.

29

29

1300x

Die im peripheren Blut selten auftretende Pigmentzelle (30) hat eine variable Form und verliert hier häufig -zumindest im Blutausstrich- ihre Pigmentgranula. Diese Zelle erscheint dort bei bestimmten pathologischen Zuständen (z.B. der Viralen Hämorrhagischen Septikämie).

30

2600x

RODLET-ZELLEN (AFG-Färbung): Diese Zellen (31) wurden in fast allen epithelialen Organen identifiziert, scheinen aber bei manchen Individuen vollständig zu fehlen. Der Zellkern liegt exzentrisch an dem der Epitheloberfläche abgewandten Pol des länglichen Zellkörpers. Für diesen Zelltyp sind stäbchenförmige cytoplasmatische Strukturen charakteristisch (" rodlets"), die weitgehend parallel angeordnet zu dem zur Epitheloberfläche hin orientierten Zellpol ziehen. Dieser trägt eine porusähnliche Struktur. Eventuell handelt es sich um einzellige tierische Parasiten. (Legende: 32 = Darmepithel, 33 = Darmlumen).

33

31

32

2100x

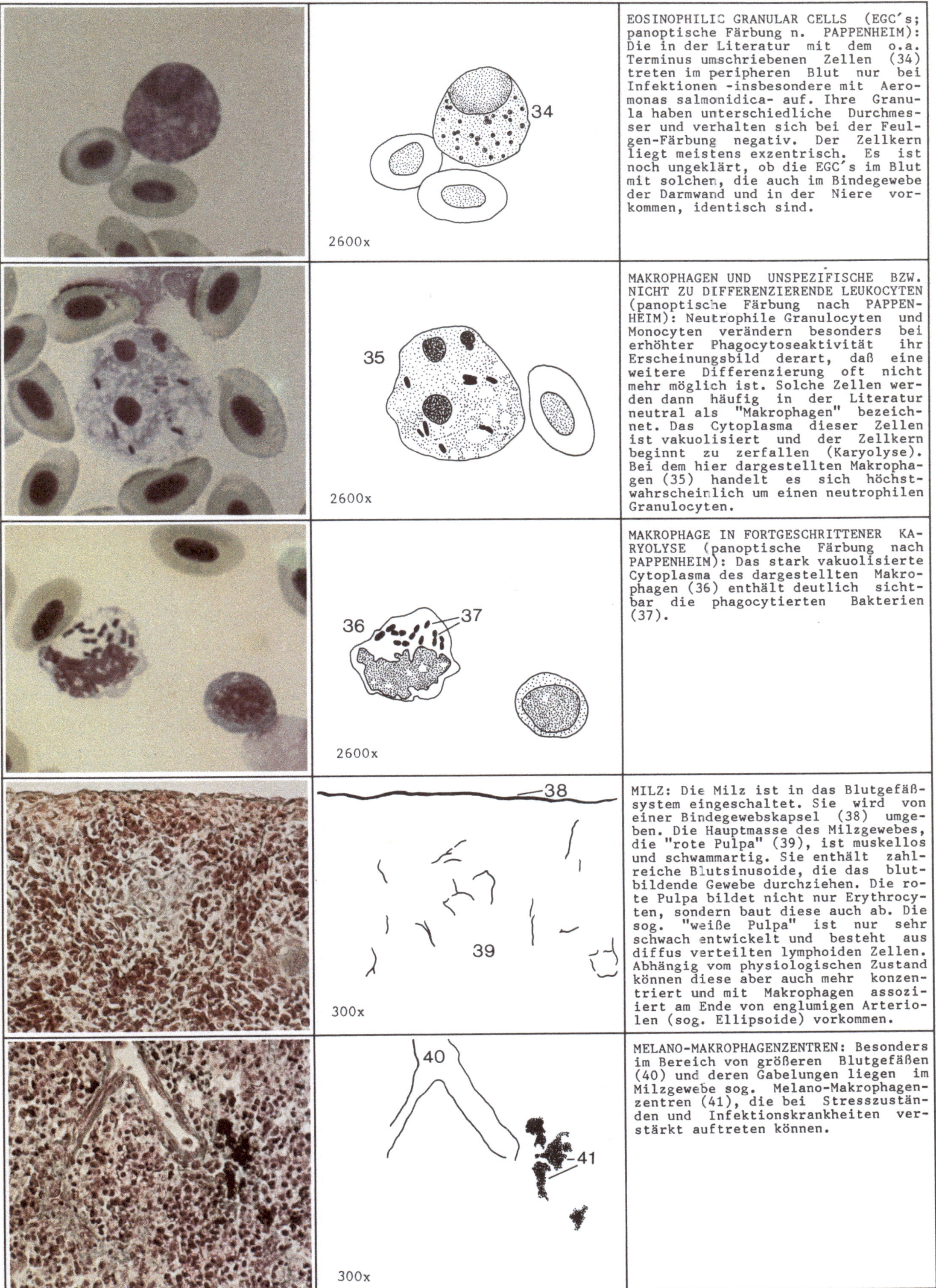

EOSINOPHILIC GRANULAR CELLS (EGC's; panoptische Färbung n. PAPPENHEIM): Die in der Literatur mit dem o.a. Terminus umschriebenen Zellen (34) treten im peripheren Blut nur bei Infektionen -insbesondere mit Aeromonas salmonidica- auf. Ihre Granula haben unterschiedliche Durchmesser und verhalten sich bei der Feulgen-Färbung negativ. Der Zellkern liegt meistens exzentrisch. Es ist noch ungeklärt, ob die EGC's im Blut mit solchen, die auch im Bindegewebe der Darmwand und in der Niere vorkommen, identisch sind.

2600x

MAKROPHAGEN UND UNSPEZIFISCHE BZW. NICHT ZU DIFFERENZIERENDE LEUKOCYTEN (panoptische Färbung nach PAPPEN-HEIM): Neutrophile Granulocyten und Monocyten verändern besonders bei erhöhter Phagocytoseaktivität ihr Erscheinungsbild derart, daß eine weitere Differenzierung oft nicht mehr möglich ist. Solche Zellen werden dann häufig in der Literatur neutral als "Makrophagen" bezeichnet. Das Cytoplasma dieser Zellen ist vakuolisiert und der Zellkern beginnt zu zerfallen (Karyolyse). Bei dem hier dargestellten Makrophagen (35) handelt es sich höchstwahrscheinlich um einen neutrophilen Granulocyten.

2600x

MAKROPHAGE IN FORTGESCHRITTENER KARYOLYSE (panoptische Färbung nach PAPPENHEIM): Das stark vakuolisierte Cytoplasma des dargestellten Makrophagen (36) enthält deutlich sichtbar die phagocytierten Bakterien (37).

2600x

MILZ: Die Milz ist in das Blutgefäßsystem eingeschaltet. Sie wird von einer Bindegewebskapsel (38) umgeben. Die Hauptmasse des Milzgewebes, die "rote Pulpa" (39), ist muskellos und schwammartig. Sie enthält zahlreiche Blutsinusoide, die das blutbildende Gewebe durchziehen. Die rote Pulpa bildet nicht nur Erythrocyten, sondern baut diese auch ab. Die sog. "weiße Pulpa" ist nur sehr schwach entwickelt und besteht aus diffus verteilten lymphoiden Zellen. Abhängig vom physiologischen Zustand können diese aber auch mehr konzentriert und mit Makrophagen assoziiert am Ende von englumigen Arteriolen (sog. Ellipsoide) vorkommen.

300x

MELANO-MAKROPHAGENZENTREN: Besonders im Bereich von größeren Blutgefäßen (40) und deren Gabelungen liegen im Milzgewebe sog. Melano-Makrophagenzentren (41), die bei Stresszuständen und Infektionskrankheiten verstärkt auftreten können.

300x

NERVENSYSTEM

Das Nervensystem der Regenbogenforelle zeigt den vertebratentypischen Aufbau und besteht aus Gehirn, Rückenmark, den afferenten und efferenten Leitungsbahnen sowie den außerhalb der genannten Strukturen liegenden Komponenten des vegetativen Systems, wie z.B. die Nervennetze in der Wand des Gastrointestinaltraktes. Das Gehirn zeigt die für alle Wirbeltiere charakteristische Aufgliederung in 5 Hauptteile. Es beginnt rostral mit dem paarigen Telencephalon (T), in das die beiden Riechnerven (NO) durch die Bulbi olfactorii (BO) einziehen. Das folgende unpaare Diencephalon (D) enthält den 3. Ventrikel. Dorsal wird es vom Epithalamus (E), lateral jeweils vom Thalamus (TH) und ventral vom Hypothalamus (H) begrenzt. Letzterer enthält wichtige Kerngebiete, die zwischen Nerven- und Hormonsystem vermitteln und trägt an seinem äußersten ventralen Punkt die Hypophyse (HY), an die sich caudad der Saccus vasculosus (SV) anschließt. Die sich im Chiasma opticum überkreuzenden Sehnerven (CH) treten in den rostralen H ein. Das Mesencephalon (M) ist an seiner Dorsalseite paarig in jeweils einem mächtig entwickelten Tectum opticum (TO) ausgebildet. Der 3. Ventrikel erstreckt sich als Aquaeductus mesencephali (AQ) in das M hinein. Das sich anschließenden Metencephalon (MET) ist unpaar und fällt vorwiegende durch seine stark ausgebildete Dorsalregion, das Cerebellum (C) auf. Dieses ist eine wichtige Integrationsinstanz für das akustische und das Lateralissystem sowie Ursprung lokomotorischen Efferenzen. Es schiebt sich als Valvula cerebelli partiell unter die TO in den AQ. Der letzte Hirnteil ist das Myelencephalon (MY). Sein Hauptteil ist die Medulla oblongata (MO), die den Übergang zum Rückenmark bildet und diesem auch in seinem prinzipiellen Aufbau gleicht.

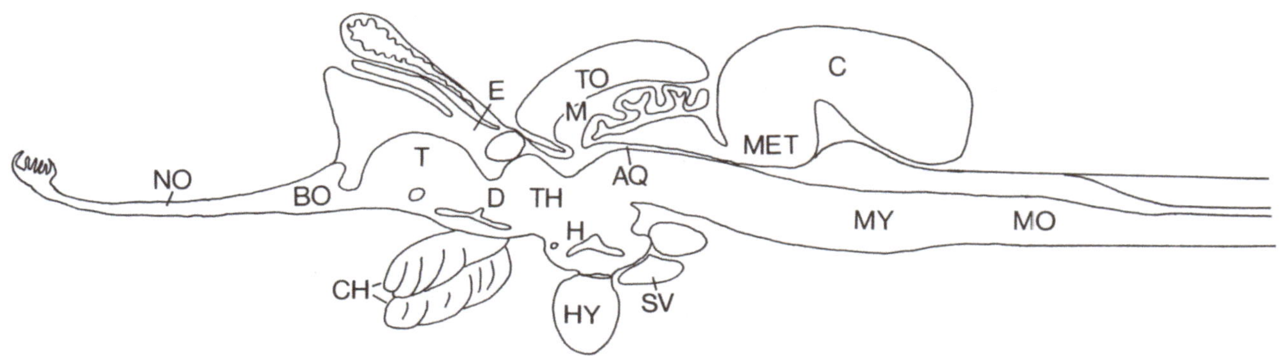

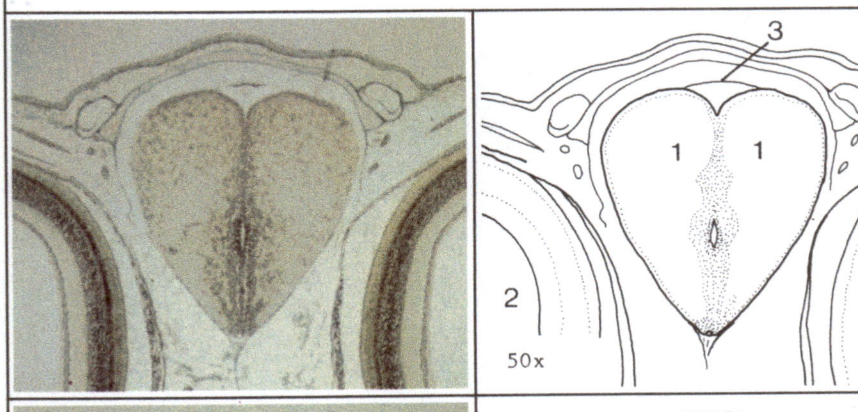

TELENCEPHALON, BULBUS OLFACTORIUS (juveniles Tier): Die rostralen Teile des Telencephalons sind die beiden Bulbi olfactorii (1), in die die Riechnerven einmünden, deren Zellkörper dort lokalisiert sind. Das Bild zeigt den caudalen Teil dieser Strukturen, wobei die Schnittebene geringfügig caudad vom größten Druchmesser der Augen (2) verläuft. Während die weiter rostral gelegenen Anteile der B. olfactorii nur von meningealem Gewebe umgeben sind, zieht sich hier über die beiden Hemisphären eine dünne gemeinsame "Decke", die Tela telencephali (3). Die B. olfactorii sind die primären Zentren des Geruchssinnes.

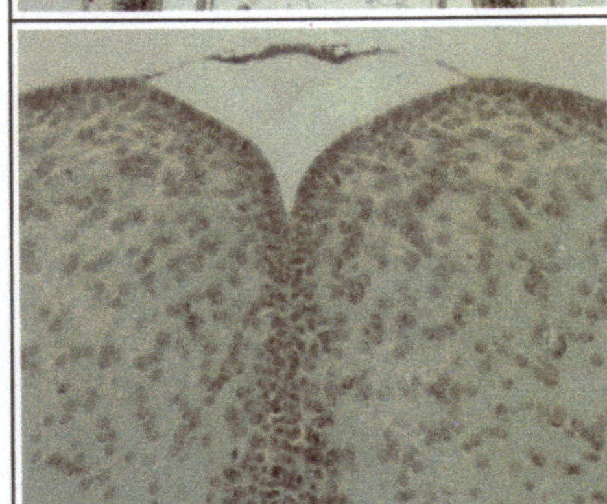

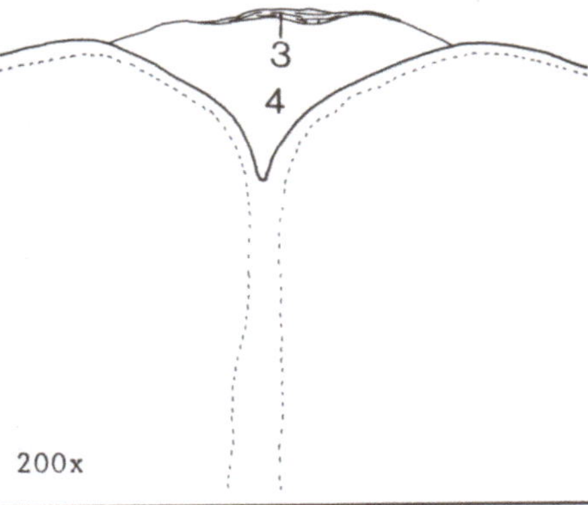

TELENCEPHALON, BULBUS OLFACTORIUS (juveniles Tier, Detail): Die stärkere Vergrößerung zeigt deutlich das noch nicht voll ausdifferenzierte Gewebe der B. olfactorii. Die Tela telencephali (3) zieht sich als dünne membranöse Haut über den mediocaudalen Teil der B. olfactorii und bildet den (-hier noch wenig ausgebildeten-) Venriculus communis (4). Es wird deutlich, daß lediglich der "boden" des Telencephalons entwickelt ist und daß laterale Ventrikel mit einer dorsal gelegenen "Rinde", wie sie bei höheren Wirbeltieren vorkommen, fehlen.

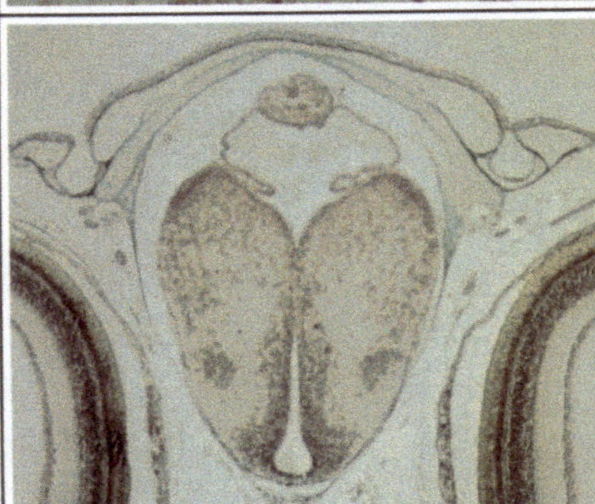

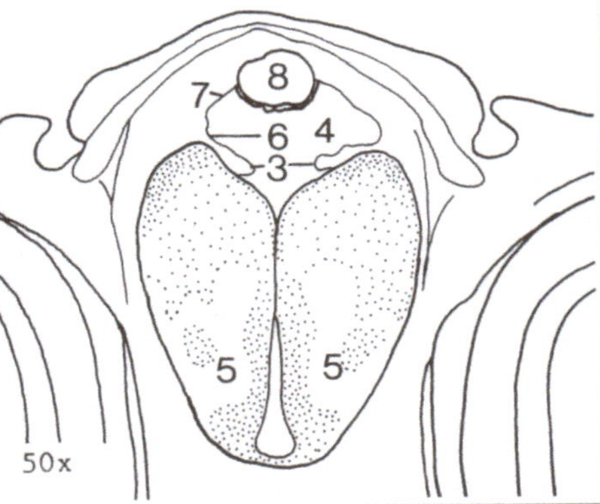

TELENCEPHALON MIT PARAPHYSENREGION UND EPIPHYSE (juveniles Tier): Die beiden Hemisphären (5) des Telencephalons sind gut ausgebildet und stehen ventral miteinander in Verbindung. Die Tela telencephali (3) geht jeweils lateral in das aus speziellen Ependymzellen bestehende circumparaphyseale Areal (6) über. Das "Dach" des V. communis (4) bildet die flächig ausgebildete Paraphyse (7). Auf deren dorsalem Teil liegt die Epiphyse (8). Etwas weiter caudad wird sich dann der diencephale Saccus dorsalis zwischen Para- und Epiphyse schieben. Das Telencephalon ist die Hauptverarbeitungsinstanz für olfaktorische Reize.

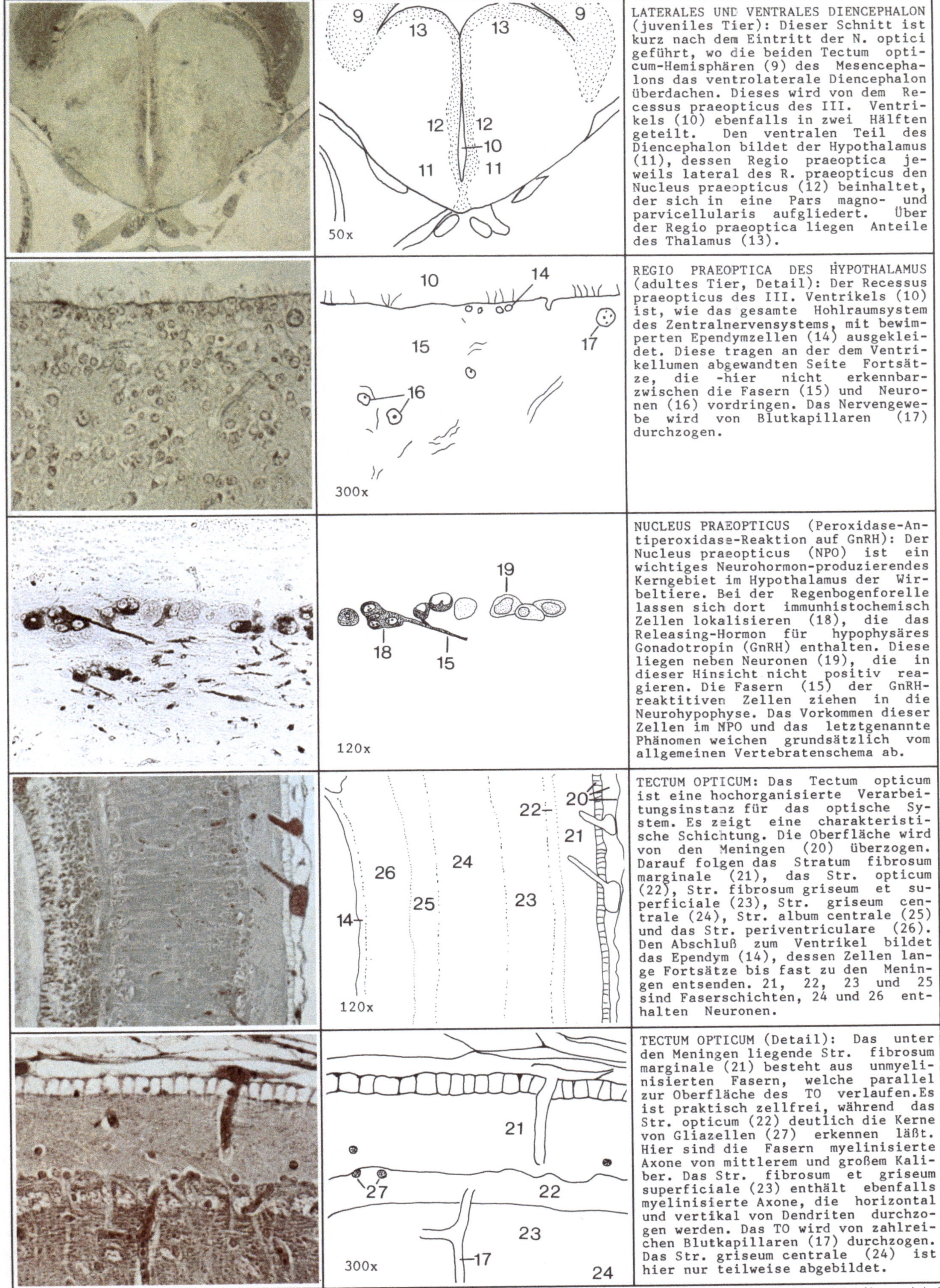

LATERALES UND VENTRALES DIENCEPHALON (juveniles Tier): Dieser Schnitt ist kurz nach dem Eintritt der N. optici geführt, wo die beiden Tectum opticum-Hemisphären (9) des Mesencephalons das ventrolaterale Diencephalon überdachen. Dieses wird von dem Recessus praeopticus des III. Ventrikels (10) ebenfalls in zwei Hälften geteilt. Den ventralen Teil des Diencephalon bildet der Hypothalamus (11), dessen Regio praeoptica jeweils lateral des R. praeopticus den Nucleus praeopticus (12) beinhaltet, der sich in eine Pars magno- und parvicellularis aufgliedert. Über der Regio praeoptica liegen Anteile des Thalamus (13).

REGIO PRAEOPTICA DES HYPOTHALAMUS (adultes Tier, Detail): Der Recessus praeopticus des III. Ventrikels (10) ist, wie das gesamte Hohlraumsystem des Zentralnervensystems, mit bewimperten Ependymzellen (14) ausgekleidet. Diese tragen an der dem Ventrikellumen abgewandten Seite Fortsätze, die -hier nicht erkennbar- zwischen die Fasern (15) und Neuronen (16) vordringen. Das Nervengewebe wird von Blutkapillaren (17) durchzogen.

NUCLEUS PRAEOPTICUS (Peroxidase-Antiperoxidase-Reaktion auf GnRH): Der Nucleus praeopticus (NPO) ist ein wichtiges Neurohormon-produzierendes Kerngebiet im Hypothalamus der Wirbeltiere. Bei der Regenbogenforelle lassen sich dort immunhistochemisch Zellen lokalisieren (18), die das Releasing-Hormon für hypophysäres Gonadotropin (GnRH) enthalten. Diese liegen neben Neuronen (19), die in dieser Hinsicht nicht positiv reagieren. Die Fasern (15) der GnRH-reaktitiven Zellen ziehen in die Neurohypophyse. Das Vorkommen dieser Zellen im NPO und das letztgenannte Phänomen weichen grundsätzlich vom allgemeinen Vertebratenschema ab.

TECTUM OPTICUM: Das Tectum opticum ist eine hochorganisierte Verarbeitungsinstanz für das optische System. Es zeigt eine charakteristische Schichtung. Die Oberfläche wird von den Meningen (20) überzogen. Darauf folgen das Stratum fibrosum marginale (21), das Str. opticum (22), Str. fibrosum griseum et superficiale (23), Str. griseum centrale (24), Str. album centrale (25) und das Str. periventriculare (26). Den Abschluß zum Ventrikel bildet das Ependym (14), dessen Zellen lange Fortsätze bis fast zu den Meningen entsenden. 21, 22, 23 und 25 sind Faserschichten, 24 und 26 enthalten Neuronen.

TECTUM OPTICUM (Detail): Das unter den Meningen liegende Str. fibrosum marginale (21) besteht aus unmyelinisierten Fasern, welche parallel zur Oberfläche des TO verlaufen. Es ist praktisch zellfrei, während das Str. opticum (22) deutlich die Kerne von Gliazellen (27) erkennen läßt. Hier sind die Fasern myelinisierte Axone von mittlerem und großem Kaliber. Das Str. fibrosum et griseum superficiale (23) enthält ebenfalls myelinisierte Axone, die horizontal und vertikal von Dendriten durchzogen werden. Das TO wird von zahlreichen Blutkapillaren (17) durchzogen. Das Str. griseum centrale (24) ist hier nur teilweise abgebildet.

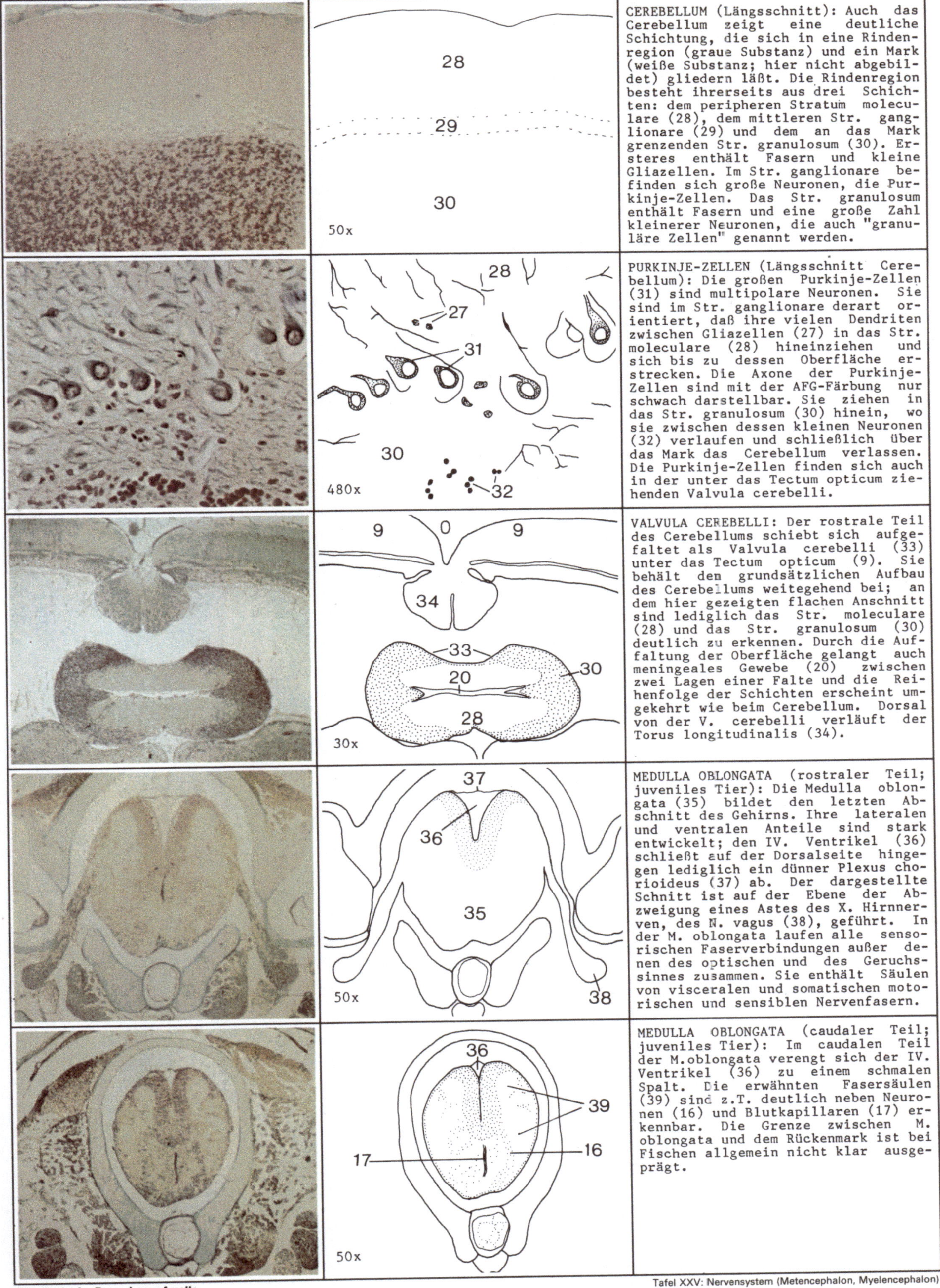

CEREBELLUM (Längsschnitt): Auch das Cerebellum zeigt eine deutliche Schichtung, die sich in eine Rindenregion (graue Substanz) und ein Mark (weiße Substanz; hier nicht abgebildet) gliedern läßt. Die Rindenregion besteht ihrerseits aus drei Schichten: dem peripheren Stratum moleculare (28), dem mittleren Str. ganglionare (29) und dem an das Mark grenzenden Str. granulosum (30). Ersteres enthält Fasern und kleine Gliazellen. Im Str. ganglionare befinden sich große Neuronen, die Purkinje-Zellen. Das Str. granulosum enthält Fasern und eine große Zahl kleinerer Neuronen, die auch "granuläre Zellen" genannt werden.

PURKINJE-ZELLEN (Längsschnitt Cerebellum): Die großen Purkinje-Zellen (31) sind multipolare Neuronen. Sie sind im Str. ganglionare derart orientiert, daß ihre vielen Dendriten zwischen Gliazellen (27) in das Str. moleculare (28) hineinziehen und sich bis zu dessen Oberfläche erstrecken. Die Axone der Purkinje-Zellen sind mit der AFG-Färbung nur schwach darstellbar. Sie ziehen in das Str. granulosum (30) hinein, wo sie zwischen dessen kleinen Neuronen (32) verlaufen und schließlich über das Mark das Cerebellum verlassen. Die Purkinje-Zellen finden sich auch in der unter das Tectum opticum ziehenden Valvula cerebelli.

VALVULA CEREBELLI: Der rostrale Teil des Cerebellums schiebt sich aufgefaltet als Valvula cerebelli (33) unter das Tectum opticum (9). Sie behält den grundsätzlichen Aufbau des Cerebellums weitegehend bei; an dem hier gezeigten flachen Anschnitt sind lediglich das Str. moleculare (28) und das Str. granulosum (30) deutlich zu erkennen. Durch die Auffaltung der Oberfläche gelangt auch meningeales Gewebe (20) zwischen zwei Lagen einer Falte und die Reihenfolge der Schichten erscheint umgekehrt wie beim Cerebellum. Dorsal von der V. cerebelli verläuft der Torus longitudinalis (34).

MEDULLA OBLONGATA (rostraler Teil; juveniles Tier): Die Medulla oblongata (35) bildet den letzten Abschnitt des Gehirns. Ihre lateralen und ventralen Anteile sind stark entwickelt; den IV. Ventrikel (36) schließt auf der Dorsalseite hingegen lediglich ein dünner Plexus chorioideus (37) ab. Der dargestellte Schnitt ist auf der Ebene der Abzweigung eines Astes des X. Hirnnerven, des N. vagus (38), geführt. In der M. oblongata laufen alle sensorischen Faserverbindungen außer denen des optischen und des Geruchssinnes zusammen. Sie enthält Säulen von visceralen und somatischen motorischen und sensiblen Nervenfasern.

MEDULLA OBLONGATA (caudaler Teil; juveniles Tier): Im caudalen Teil der M. oblongata verengt sich der IV. Ventrikel (36) zu einem schmalen Spalt. Die erwähnten Fasersäulen (39) sind z.T. deutlich neben Neuronen (16) und Blutkapillaren (17) erkennbar. Die Grenze zwischen M. oblongata und dem Rückenmark ist bei Fischen allgemein nicht klar ausgeprägt.

Tafel XXV: Nervensystem (Metencephalon, Myelencephalon)

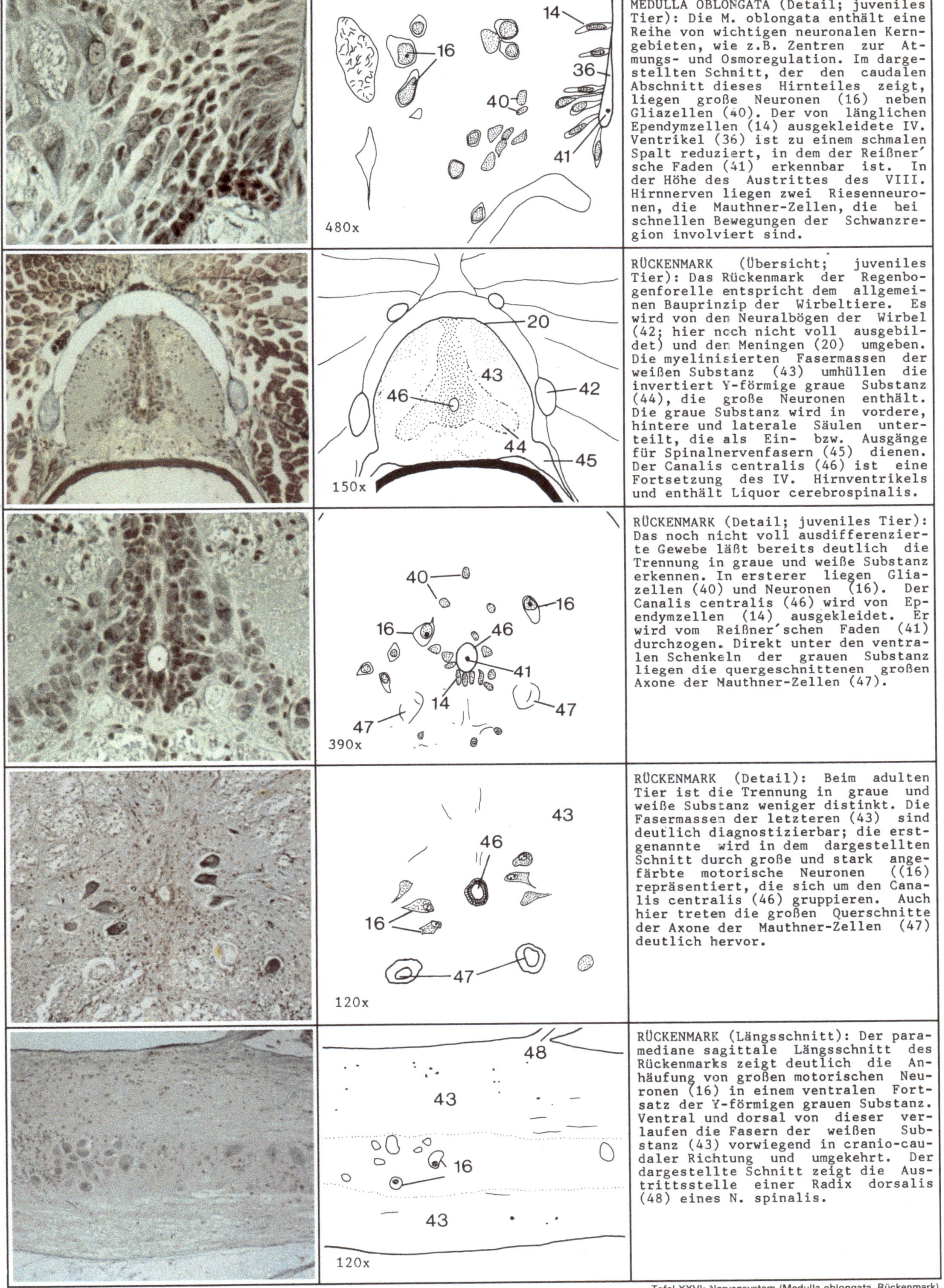

MEDULLA OBLONGATA (Detail; juveniles Tier): Die M. oblongata enthält eine Reihe von wichtigen neuronalen Kerngebieten, wie z.B. Zentren zur Atmungs- und Osmoregulation. Im dargestellten Schnitt, der den caudalen Abschnitt dieses Hirnteiles zeigt, liegen große Neuronen (16) neben Gliazellen (40). Der von länglichen Ependymzellen (14) ausgekleidete IV. Ventrikel (36) ist zu einem schmalen Spalt reduziert, in dem der Reißner'sche Faden (41) erkennbar ist. In der Höhe des Austrittes des VIII. Hirnnerven liegen zwei Riesenneuronen, die Mauthner-Zellen, die bei schnellen Bewegungen der Schwanzregion involviert sind.

RÜCKENMARK (Übersicht; juveniles Tier): Das Rückenmark der Regenbogenforelle entspricht dem allgemeinen Bauprinzip der Wirbeltiere. Es wird von den Neuralbögen der Wirbel (42; hier noch nicht voll ausgebildet) und den Meningen (20) umgeben. Die myelinisierten Fasermassen der weißen Substanz (43) umhüllen die invertiert Y-förmige graue Substanz (44), die große Neuronen enthält. Die graue Substanz wird in vordere, hintere und laterale Säulen unterteilt, die als Ein- bzw. Ausgänge für Spinalnervenfasern (45) dienen. Der Canalis centralis (46) ist eine Fortsetzung des IV. Hirnventrikels und enthält Liquor cerebrospinalis.

RÜCKENMARK (Detail; juveniles Tier): Das noch nicht voll ausdifferenzierte Gewebe läßt bereits deutlich die Trennung in graue und weiße Substanz erkennen. In ersterer liegen Gliazellen (40) und Neuronen (16). Der Canalis centralis (46) wird von Ependymzellen (14) ausgekleidet. Er wird vom Reißner'schen Faden (41) durchzogen. Direkt unter den ventralen Schenkeln der grauen Substanz liegen die quergeschnittenen großen Axone der Mauthner-Zellen (47).

RÜCKENMARK (Detail): Beim adulten Tier ist die Trennung in graue und weiße Substanz weniger distinkt. Die Fasermassen der letzteren (43) sind deutlich diagnostizierbar; die erstgenannte wird in dem dargestellten Schnitt durch große und stark angefärbte motorische Neuronen ((16) repräsentiert, die sich um den Canalis centralis (46) gruppieren. Auch hier treten die großen Querschnitte der Axone der Mauthner-Zellen (47) deutlich hervor.

RÜCKENMARK (Längsschnitt): Der paramediane sagittale Längsschnitt des Rückenmarks zeigt deutlich die Anhäufung von großen motorischen Neuronen (16) in einem ventralen Fortsatz der Y-förmigen grauen Substanz. Ventral und dorsal von dieser verlaufen die Fasern der weißen Substanz (43) vorwiegend in cranio-caudaler Richtung und umgekehrt. Der dargestellte Schnitt zeigt die Austrittsstelle einer Radix dorsalis (48) eines N. spinalis.

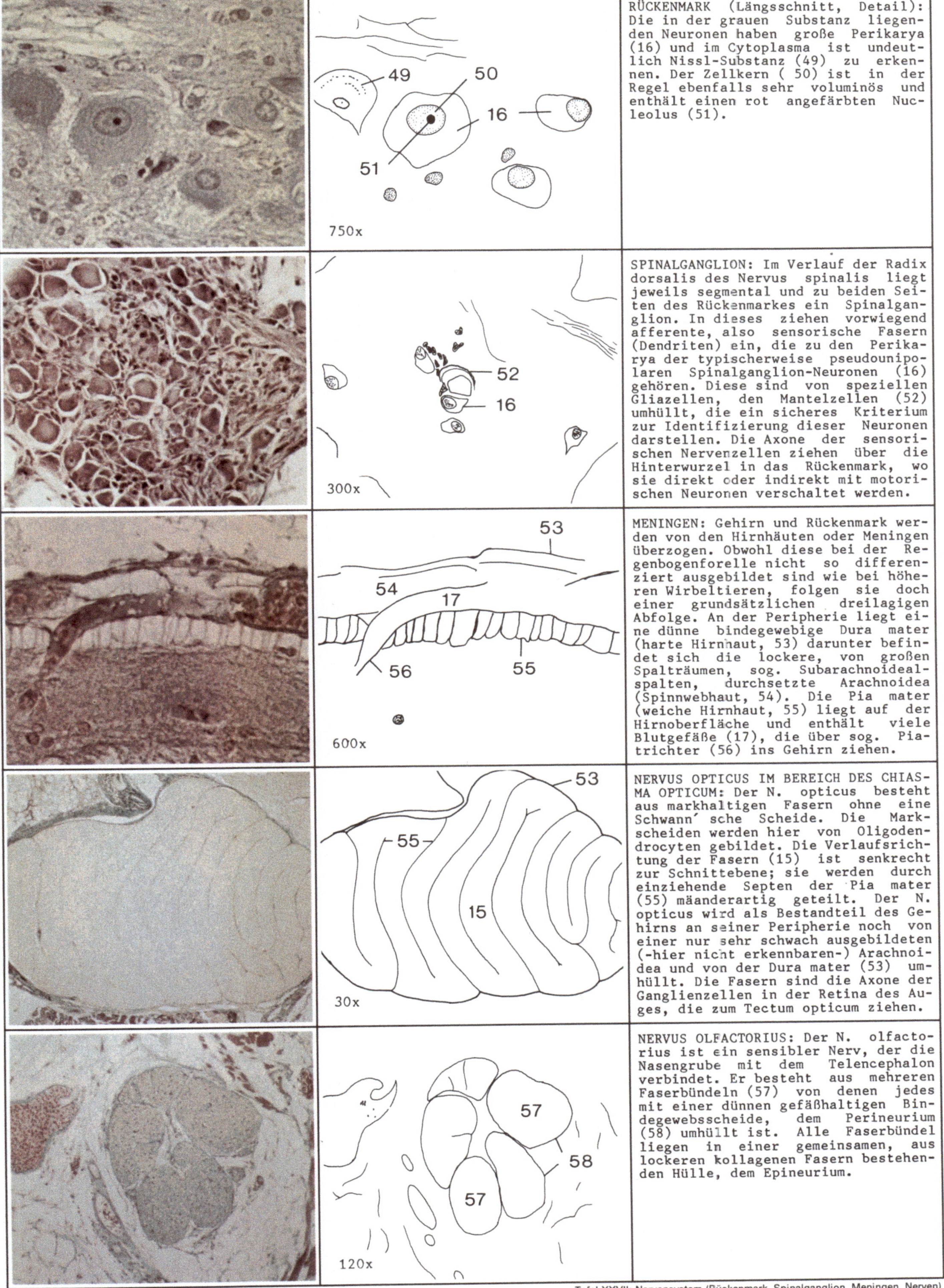

RÜCKENMARK (Längsschnitt, Detail):
Die in der grauen Substanz liegenden Neuronen haben große Perikarya
(16) und im Cytoplasma ist undeutlich Nissl-Substanz (49) zu erkennen. Der Zellkern (50) ist in der Regel ebenfalls sehr voluminös und enthält einen rot angefärbten Nucleolus (51).

750x

SPINALGANGLION: Im Verlauf der Radix dorsalis des Nervus spinalis liegt jeweils segmental und zu beiden Seiten des Rückenmarkes ein Spinalganglion. In dieses ziehen vorwiegend afferente, also sensorische Fasern (Dendriten) ein, die zu den Perikarya der typischerweise pseudounipolaren Spinalganglion-Neuronen (16) gehören. Diese sind von speziellen Gliazellen, den Mantelzellen (52) umhüllt, die ein sicheres Kriterium zur Identifizierung dieser Neuronen darstellen. Die Axone der sensorischen Nervenzellen ziehen über die Hinterwurzel in das Rückenmark, wo sie direkt oder indirekt mit motorischen Neuronen verschaltet werden.

300x

MENINGEN: Gehirn und Rückenmark werden von den Hirnhäuten oder Meningen überzogen. Obwohl diese bei der Regenbogenforelle nicht so differenziert ausgebildet sind wie bei höheren Wirbeltieren, folgen sie doch einer grundsätzlichen dreilagigen Abfolge. An der Peripherie liegt eine dünne bindegewebige Dura mater (harte Hirnhaut, 53) darunter befindet sich die lockere, von großen Spalträumen, sog. Subarachnoidealspalten, durchsetzte Arachnoidea (Spinnwebhaut, 54). Die Pia mater (weiche Hirnhaut, 55) liegt auf der Hirnoberfläche und enthält viele Blutgefäße (17), die über sog. Piatrichter (56) ins Gehirn ziehen.

600x

NERVUS OPTICUS IM BEREICH DES CHIASMA OPTICUM: Der N. opticus besteht aus markhaltigen Fasern ohne eine Schwann'sche Scheide. Die Markscheiden werden hier von Oligodendrocyten gebildet. Die Verlaufsrichtung der Fasern (15) ist senkrecht zur Schnittebene; sie werden durch einziehende Septen der Pia mater (55) mäanderartig geteilt. Der N. opticus wird als Bestandteil des Gehirns an seiner Peripherie noch von einer nur sehr schwach ausgebildeten (-hier nicht erkennbaren-) Arachnoidea und von der Dura mater (53) umhüllt. Die Fasern sind die Axone der Ganglienzellen in der Retina des Auges, die zum Tectum opticum ziehen.

30x

NERVUS OLFACTORIUS: Der N. olfactorius ist ein sensibler Nerv, der die Nasengrube mit dem Telencephalon verbindet. Er besteht aus mehreren Faserbündeln (57) von denen jedes mit einer dünnen gefäßhaltigen Bindegewebsscheide, dem Perineurium (58) umhüllt ist. Alle Faserbündel liegen in einer gemeinsamen, aus lockeren kollagenen Fasern bestehenden Hülle, dem Epineurium.

120x

Histologie der Regenbogenforelle

Tafel XXVII: Nervensystem (Rückenmark, Spinalganglion, Meningen, Nerven)

SINNESORGANE

Die Sinnesorgane der Regenbogenforelle entsprechen dem teleosteertypischen Schema. Dies bedeutet, daß diese einerseits mit dem Seitenliniensystem über einen "Sinn" mehr verfügt als die höheren Vertebraten, der es erlaubt, Nahfelderschütterungen wahrzunehmen, andererseits aber -im Vergleich zu landlebenden Tieren- nur spärlich mit Propriorezeptoren ausgestattet ist; bei allen Teleosteern fehlen Muskelspindeln.

Die Chemorezeption erfolgt durch Schmecken und Riechen. Im Lippen-Mundhöhlen- und Pharynxbereich befinden sich Geschmacksknospen (s. Tafel XXVIII). Bei Forellen kommen den Geschmacksknospen morphologisch entsprechende Strukturen auch in der Kopfhaut vor. Man vermutet, daß diese ebenfalls der Geschmackswahrnehmung dienen. Es gibt Hinweise dafür, daß die Leistungsfähigkeit der Geschmacksknospen bei Süßwasser-Teleosteern allgemein der höherer Wirbeltiere entspricht, d. h., daß sie die Qualitäten süß, sauer, bitter und salzig unterscheiden können. Während der Geschmackssinn eher als eine "Kontaktchemorezeption" anzusehen ist, dient der Geruchssinn der Fernwahrnehmung vorwiegend organischer Substanzen. Er ist in den kompliziert gebauten Nasenhöhlen lokalisiert (s. Tafel XXVIII). Bei wandernden Salmoniden spielt der Geruchssinn eine wichtige Rolle bei der Orientierung bzw. Wiederauffindung der Laichplätze.

Zur Wahrnehmung von Erschütterungen im Wasser, Winkelbeschleunigungen und Schwerkraft dient das Acustico-lateralis-System. Dieses setzt sich aus dem Seitenliniensystem (s. Tafel XXIX) und dem Innenohr (s. Tafel XXIX) zusammen, die nervös miteinander verschaltet sind. Ersteres dient der Wahrnehmung niederfrequenter Wasserbewegungen ("Ferntastsinn"); letzteres dem Hören und der Winkelbeschleunigungs- und Schwerkraftperzeption. Das Seitenliniensystem besteht aus einem unter der Haut liegenden Kanalsystem, welches im Wesentlichen aus einem jeweils lateral verlaufenden Kanal besteht, der sich im Kopfbereich stark verzweigt. Dieses steht mit der Außenwelt durch Öffnungen in Verbindung. Bei den Salmoniden besteht das laterale System aus einer Reihe sich überlappender, hintereinandergeschalteter Kammern, welche unter speziellen perforierten Seitenlinienschuppen liegen. Die Kammern enthalten sog. Neuromastenorgane (s.Abb. 11 und Tafel XXIX). In diese sind richtungsempfindliche Sinneszellen integriert, die Cilien tragen, die in eine gallertige Cupula eingelagert sind, welche den Kanal weitgehend ausfüllt. Druckwellen bewirken einen Scherreiz an diesem Sinnesorgan. Das Innenohr leitet sich phylogenetisch vom Seitenliniensystem ab. Es ist sehr komplex aufgebaut und wird daher auf Tafel XXIX gesondert ausführlich dargestellt. In der Haut ist ein empfindlicher Temperatursinn lokalisiert; die Rezeptoren sind freie Nervenendigungen. Obwohl viele Fische berührungsempfindlich sind, fehlen die für höhere Vertebraten typischen speziellen Tastsinneskörperchen, so daß auch hierfür offenbar nur freie Nervenendigungen als reizaufnehmende Strukturen in Frage kommen.

Die beiden Hauptorgane des optischen Sinnes, die Augen, sind die am kompliziertesten aufgebauten Sinnesorgane der Teleosteer. Obwohl sie in ihrem Bauprinzip dem typischen inversen Vertebratenauge entsprechen, haben sie jedoch eine ganze Reihe charakteristischer Spezialitäten, die eine gesonderte ausführliche Erklärung auf den Tafeln XXX und XXXI erforderlich machen. Ein weiteres Lichtsinnesorgan ist die auf Tafel XVI beschriebene Epiphyse. Ihre physiologische Relevanz ist in dieser Hinsicht unklar.

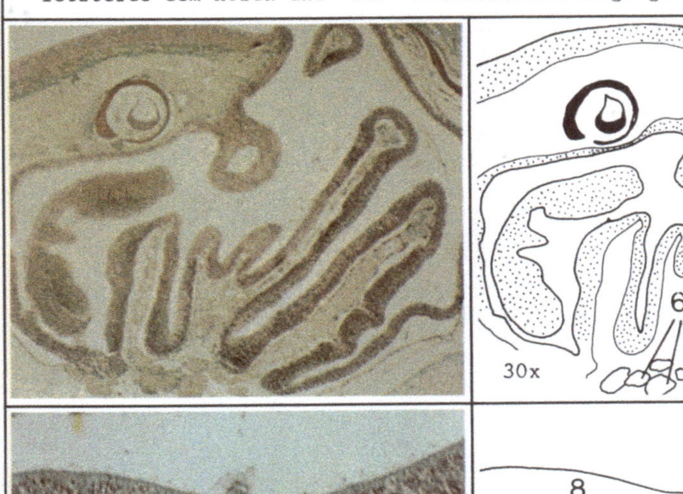

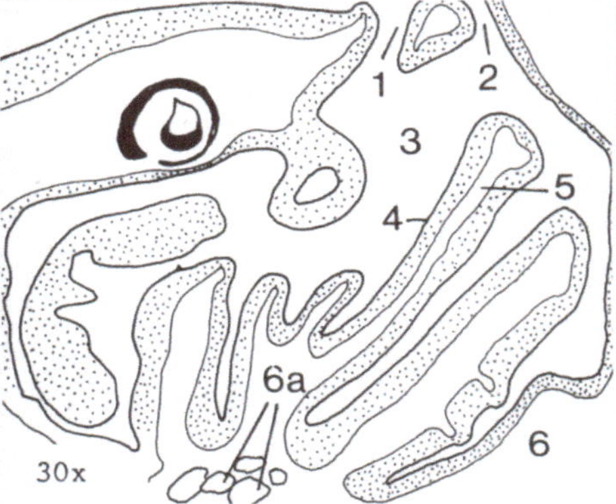

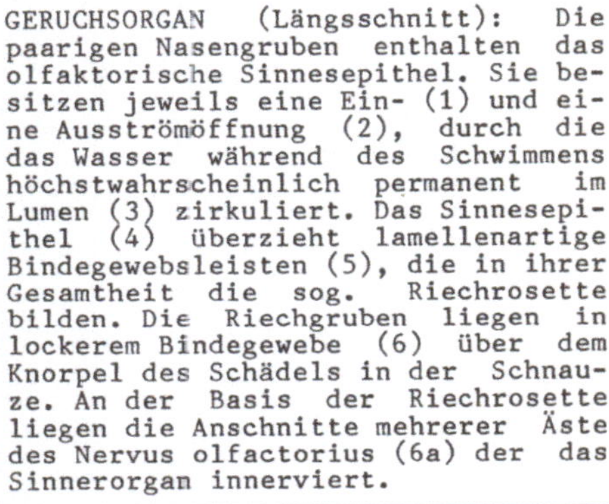

GERUCHSORGAN (Längsschnitt): Die paarigen Nasengruben enthalten das olfaktorische Sinnesepithel. Sie besitzen jeweils eine Ein- (1) und eine Ausströmöffnung (2), durch die das Wasser während des Schwimmens höchstwahrscheinlich permanent im Lumen (3) zirkuliert. Das Sinnesepithel (4) überzieht lamellenartige Bindegewebsleisten (5), die in ihrer Gesamtheit die sog. Riechrosette bilden. Die Riechgruben liegen in lockerem Bindegewebe (6) über dem Knorpel des Schädels in der Schnauze. An der Basis der Riechrosette liegen die Anschnitte mehrerer Äste des Nervus olfactorius (6a) der das Sinnerorgan innerviert.

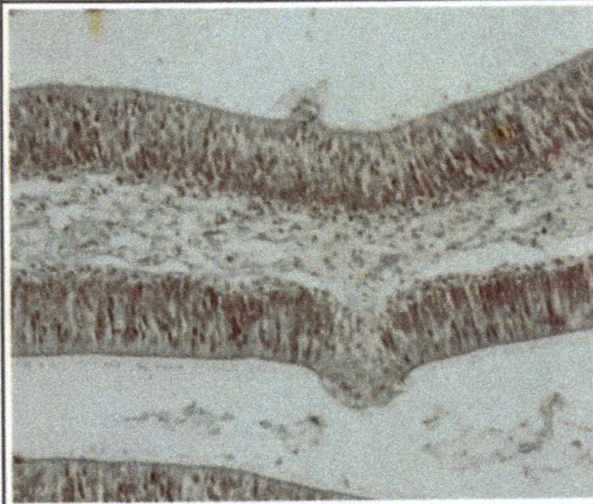

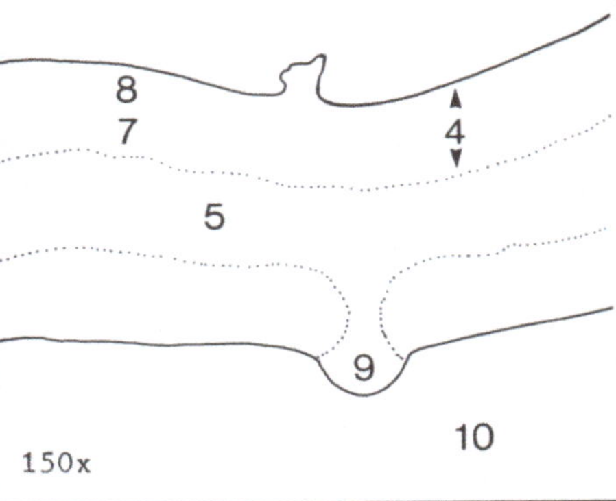

RIECHEPITHEL: Zwischen den dünnen kollagenen Faserbündeln der Lamelle der Riechrosette (Lamina propria; 5) verlaufen die in diesem Präparat nicht identifizierbaren Fasern des N. olfactorius. Das Riechepithel (4) besteht aus einer basalen Lage von Basal- und Polygonalzellen (7), über der die in diesem Präparat nicht identifizierbaren bipolaren Rezeptorzellen zwischen zahlreichen hochprismatischen bewimperten Epithelzellen (8) liegen. Stellenweise durchbricht eine Gruppe von Schleimdrüsenzellen (Becherzellen; 9) das Sinnesepithel, deren Sekret (-durch die Fixierung koaguliert-) im Nasenraum erkennbar ist (10).

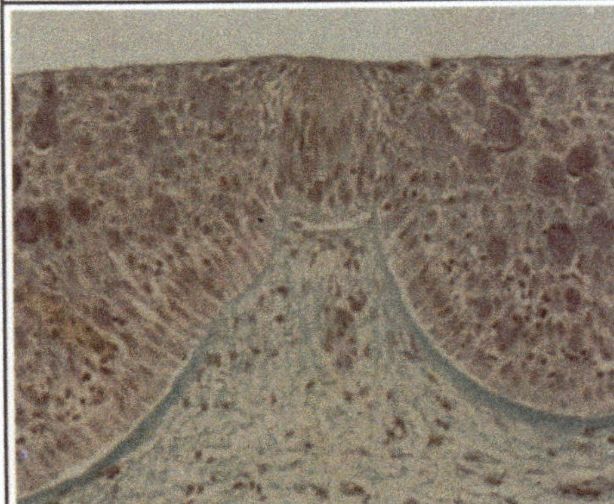

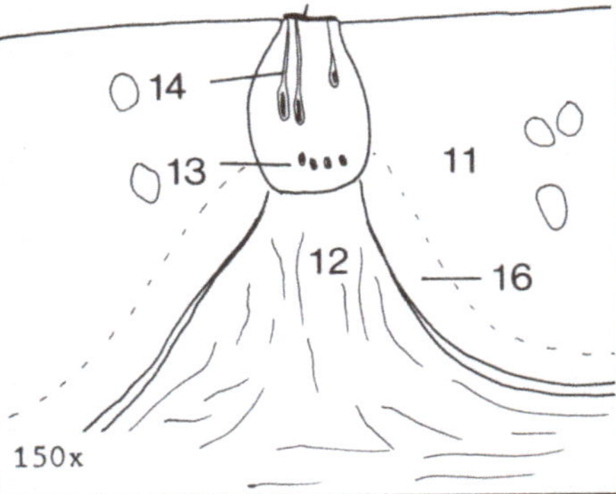

GESCHMACKSKNOSPE: Diese liegt im Schleimhautgewebe der Mundhöhle (11) -hier der Zunge- auf einer Coriumpapille (12), die auf diesem Bild nicht erkennbare dendritische Nervenfasern enthält. Diese ziehen zwischen den basalen Stützzellen (13) der Geschmacksknospe hindurch zu den langgestreckten sekundären Sinneszellen (14) dieses Organs. Letztere tragen feine Fortsätze, die eine charakteristische schopfartige apikale Struktur bilden (15). Die basalen Stützzellen unterbrechen das Stratum germinativum (16) der Mundschleimhaut (11), dessen Zellen die Geschmacksknospe ohne erkennbare Trennung umhüllen.

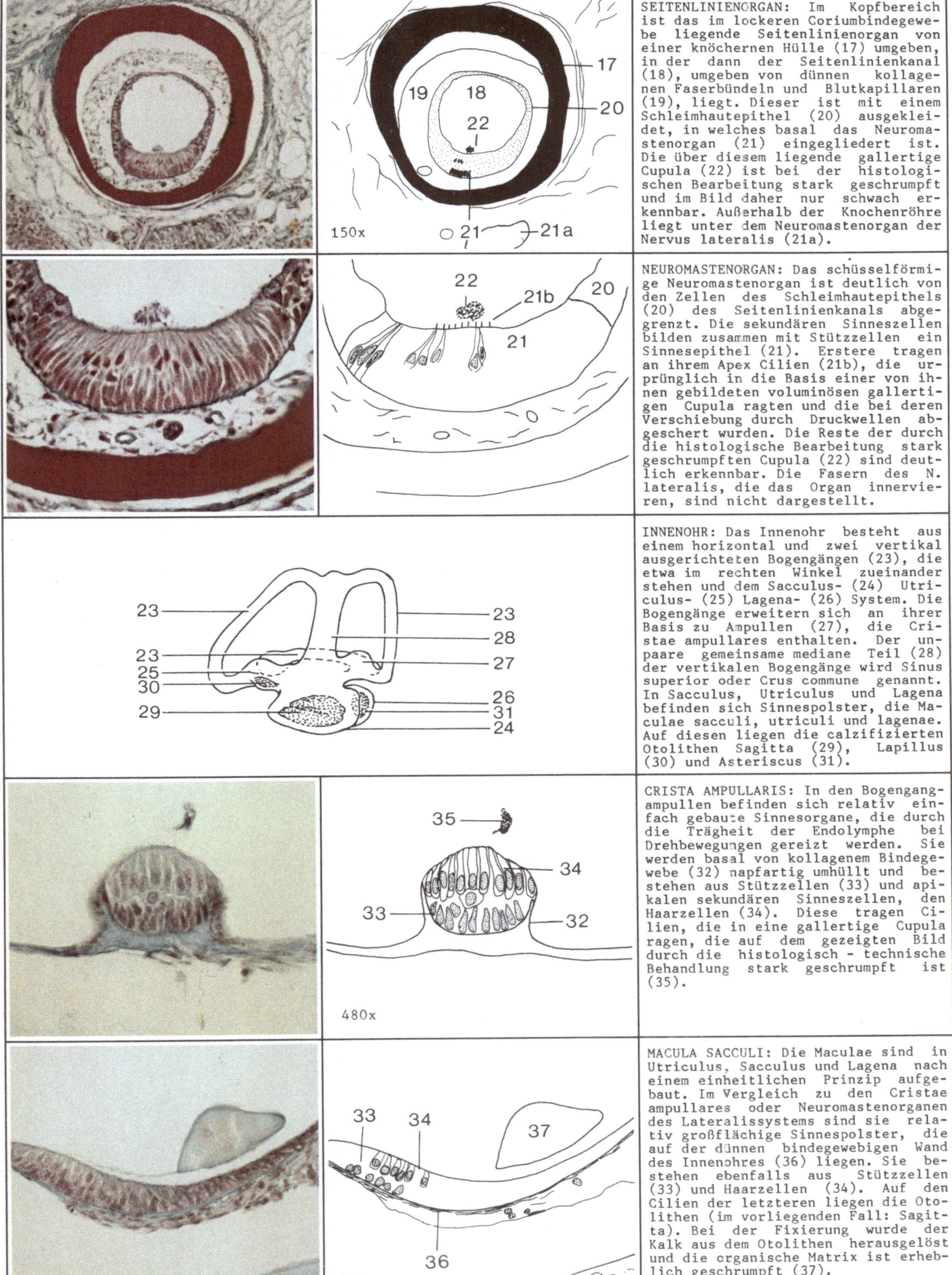

SEITENLINIENORGAN: Im Kopfbereich ist das im lockeren Coriumbindegewebe liegende Seitenlinienorgan von einer knöchernen Hülle (17) umgeben, in der dann der Seitenlinienkanal (18), umgeben von dünnen kollagenen Faserbündeln und Blutkapillaren (19), liegt. Dieser ist mit einem Schleimhautepithel (20) ausgekleidet, in welches basal das Neuromastenorgan (21) eingegliedert ist. Die über diesem liegende gallertige Cupula (22) ist bei der histologischen Bearbeitung stark geschrumpft und im Bild daher nur schwach erkennbar. Außerhalb der Knochenröhre liegt unter dem Neuromastenorgan der Nervus lateralis (21a).

NEUROMASTENORGAN: Das schüsselförmige Neuromastenorgan ist deutlich von den Zellen des Schleimhautepithels (20) des Seitenlinienkanals abgegrenzt. Die sekundären Sinneszellen bilden zusammen mit Stützzellen ein Sinnesepithel (21). Erstere tragen an ihrem Apex Cilien (21b), die ursprünglich in die Basis einer von ihnen gebildeten voluminösen gallertigen Cupula ragten und die bei deren Verschiebung durch Druckwellen abgeschert wurden. Die Reste der durch die histologische Bearbeitung stark geschrumpften Cupula (22) sind deutlich erkennbar. Die Fasern des N. lateralis, die das Organ innervieren, sind nicht dargestellt.

INNENOHR: Das Innenohr besteht aus einem horizontal und zwei vertikal ausgerichteten Bogengängen (23), die etwa im rechten Winkel zueinander stehen und dem Sacculus- (24) Utriculus- (25) Lagena- (26) System. Die Bogengänge erweitern sich an ihrer Basis zu Ampullen (27), die Cristae ampullares enthalten. Der unpaare gemeinsame mediane Teil (28) der vertikalen Bogengänge wird Sinus superior oder Crus commune genannt. In Sacculus, Utriculus und Lagena befinden sich Sinnespolster, die Maculae sacculi, utriculi und lagenae. Auf diesen liegen die calzifizierten Otolithen Sagitta (29), Lapillus (30) und Asteriscus (31).

CRISTA AMPULLARIS: In den Bogengangampullen befinden sich relativ einfach gebaute Sinnesorgane, die durch die Trägheit der Endolymphe bei Drehbewegungen gereizt werden. Sie werden basal von kollagenem Bindegewebe (32) napfartig umhüllt und bestehen aus Stützzellen (33) und apikalen sekundären Sinneszellen, den Haarzellen (34). Diese tragen Cilien, die in eine gallertige Cupula ragen, die auf dem gezeigten Bild durch die histologisch-technische Behandlung stark geschrumpft ist (35).

MACULA SACCULI: Die Maculae sind in Utriculus, Sacculus und Lagena nach einem einheitlichen Prinzip aufgebaut. Im Vergleich zu den Cristae ampullares oder Neuromastenorganen des Lateralissystems sind sie relativ großflächige Sinnespolster, die auf der dünnen bindegewebigen Wand des Innenohres (36) liegen. Sie bestehen ebenfalls aus Stützzellen (33) und Haarzellen (34). Auf den Cilien der letzteren liegen die Otolithen (im vorliegenden Fall: Sagitta). Bei der Fixierung wurde der Kalk aus dem Otolithen herausgelöst und die organische Matrix ist erheblich geschrumpft (37).

AUGE

Die äußere Umhüllung des Auges bildet die Sclera (1), in die ein knorpeliger Ring (2) integriert ist. An der Vorderseite bildet das Scleragewebe den inneren Teil der Cornea (3), der zusätzlich von einem epithelialen Teil (4) überzogen ist. Unter der Sclera s. str. liegt die Chorioidea (Aderhaut; 5), die bei der Regenbogenforelle einen großen Gefäßplexus, die Chorioidealdrüse (6) enthält. Die innere Schicht ist das komplex aufgebaute Sinnesepithel der Retina (7). Die Iris (8) teilt das Auge in eine vordere und eine hintere Augenkammer. Sie ist ein ringförmiges Septum, welche in der Mitte eine nicht im Durchmesser veränderbare (fixe) Pupille freiläßt. Die Integration der Linse (9) in das optische System des Auges ist von dem der Landwirbeltiere verschieden. Sie ist an der Dorsalseite des Auges mit einem Ligamentum suspensorium (10) derart aufgehängt, daß sie zentrisch teilweise durch die

Pupille ragt. An ihrer Ventralseite inseriert ein Retraktormuskel (11), der leicht schräg zum Augenhintergrund hin an der Ventralseite des Auges befestigt ist. Bei Kontraktion dieses Muskels wird die Linse nach hinten gezogen und bei Erschlaffung "pendelt" sie wieder in Richtung Iris zurück; auf diese Weise ist eine Akkomodation möglich. Die vordere Augenkammer (12) ist mit Flüssigkeit gefüllt, die hintere enthält den Glaskörper (13).Die Retina wird bei manchen Teleosteern von Blutkapillaren (14) überzogen; bei der Regenbogenforelle fehlen diese jedoch. Sie besitzt aber eine weitere Besonderheit des Auges vieler Teleosteer, nämlich ein schmales vaskularisiertes Band aus lockerem Bindegewebe, welches an der Ventralseite des Auges von der Chorioidea her die Retina durchbricht und von der Eintrittsstelle des Sehnervs (15) bis zur Ansatzstelle des Retraktormuskels zieht: den Processus falciformis (16).

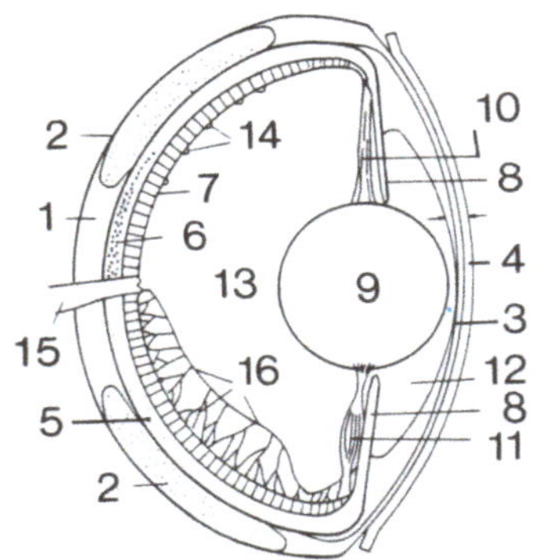

<SCHEMATISCHE DARSTELLUNG DES AUFBAUES DES TELEOSTEERAUGES (n. YOKOTE, verändert. Erklärung im einführenden Text).→

SCHEMATISCHE DARSTELLUNG DES AUFBAUES DER TELEOSTEER-RETINA (n. ALI, verändert).

a = Opticusfaser, b = Ganglienzelle, c = Horizontalzelle, d = amakrine Zelle, e = Horizontalzelle, f = Stäbchen, g = Zapfen, h = kernhaltiger Zapfenteil, i = Doppelzapfen.
Die Zahlen entsprechen denen von Bild 2 auf Tafel XXXI: 11 = Opticusfaserschicht, 12 = Ganglienzellschicht, 13 - 15 = innere plexiforme Schicht, innere Körnerschicht, äußere plexiforme Schicht, 16 - 19 = äußere Körnerschicht, Membrana limitans externa, Schicht der Stäbchen und Zapfen, Pigmentepithel.

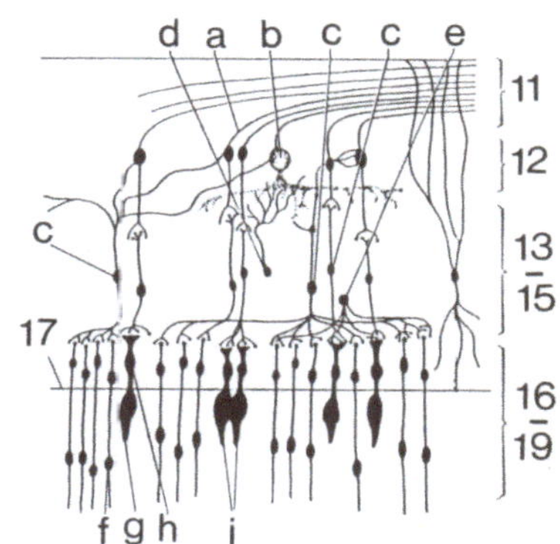

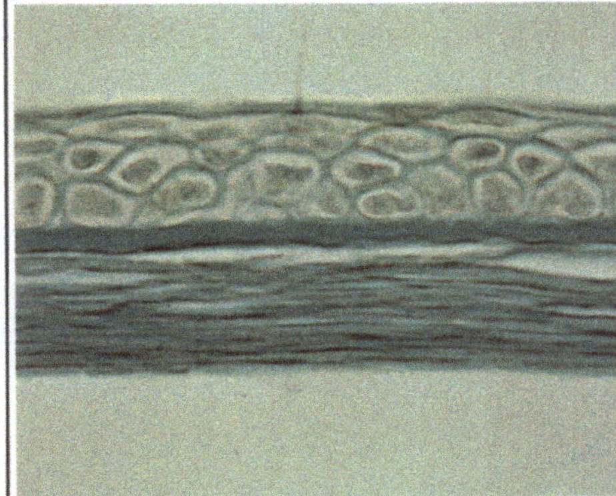

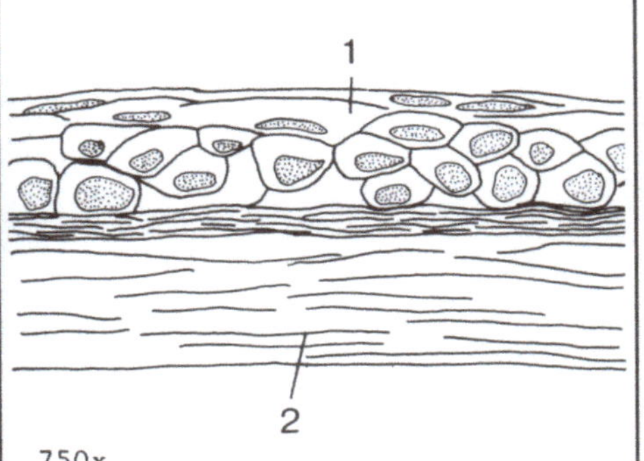

750x

CORNEA: Die Cornea ist eine zusammengesetzte Struktur, die aus einer äußeren epithelialen Lage (1), einem Stroma aus kollagenen Faserbündeln (2) und einem sehr dünnen inneren Epithel besteht. Die erste Komponente ist ein Derivat der Epidermis, während die bindegewebigen Anteile eine Fortsetzung der Sclera darstellen. Diese und das innere Epithel stammen vom "dritten Keimblatt", dem Mesoderm, ab. Die äußere Epithellage geht an den Augenrändern als Bindehaut in die Epidermis des Kopfes über. Trotz ihres relativ komplexen Aufbaues ist die Cornea transparent und fungiert als Eintrittstelle der Reize ins Auge.

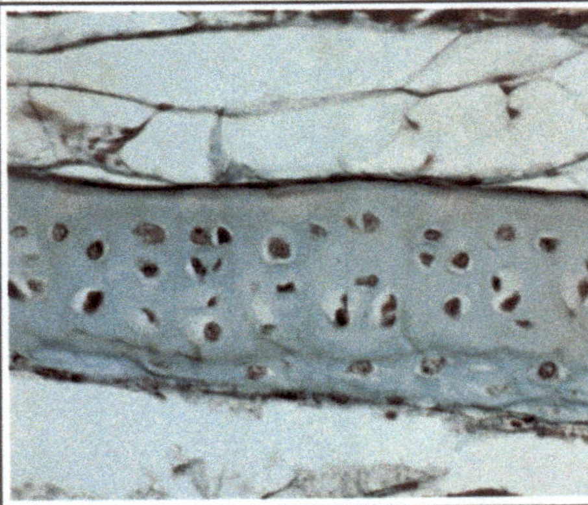

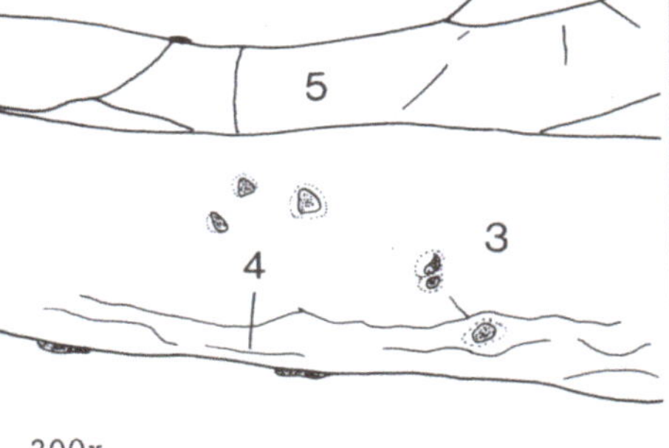

200x

SCLERAKNORPEL (Längsschnitt): Der in die Sclera integrierte Knorpelring ist bei der Regenbogenforelle relativ groß. Er besteht aus hyalinem Knorpel (3), der zur Chorioidea hin den Charakter von Faserknorpel (4) annimmt. Insgesamt verleiht diese Struktur dem Augapfel eine hohe mechanische Stabilität. Die Sclera ist partiell von einer dünnen Schicht univakuolären Fettgewebes (5) umgeben. Die nach innen angrenzende Chorioidea ist bei dem vorliegenden Präparat abgelöst und daher nicht sichtbar. An der Sclera inserieren die Augenmuskeln.

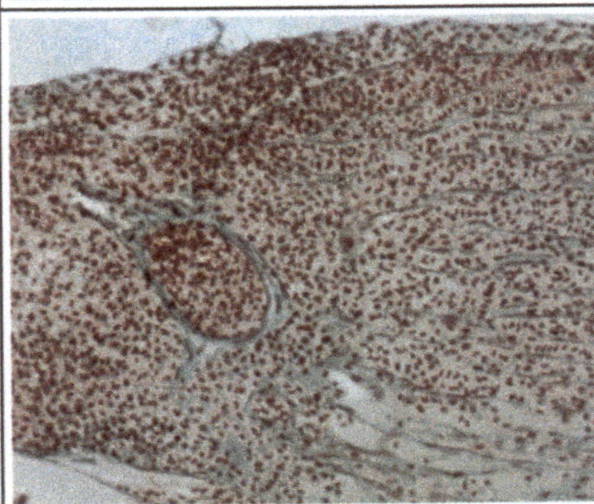

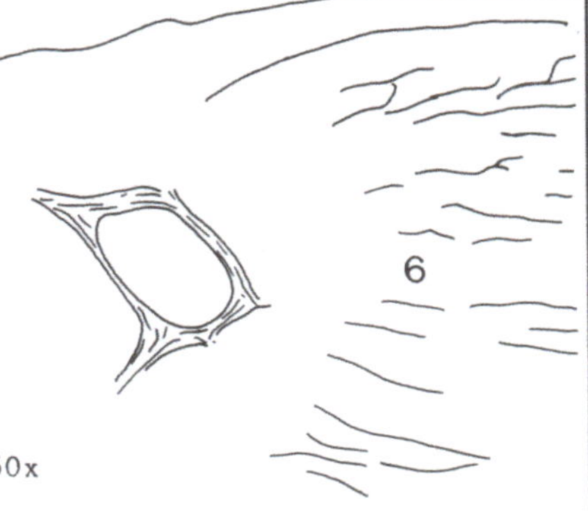

50x

CHORIOIDEALDRÜSE (Längsschnitt): Die Chorioidealdrüse trägt den Terminus "Drüse" zu unrecht, da sie nicht sekretorisch aktiv ist. Sie stellt vielmehr einen ausgedehnten Plexus von afferenten und efferenten Blutkapillaren (6) dar, die ein Wundernetz (Rete mirabile) bilden, welches hufeisenförmig um die Eintrittsstelle des Nervus opticus in die Retina liegt. Die Blutgefäße der Chorioidealdrüse liegen sehr dicht beieinander und bilden ein schwammartiges "Polster" zwischen Sclera und Retina. Man vermutet, daß diese Struktur zur Sauerstoffversorgung der Retina beiträgt und/oder als Druckpolster wirkt.

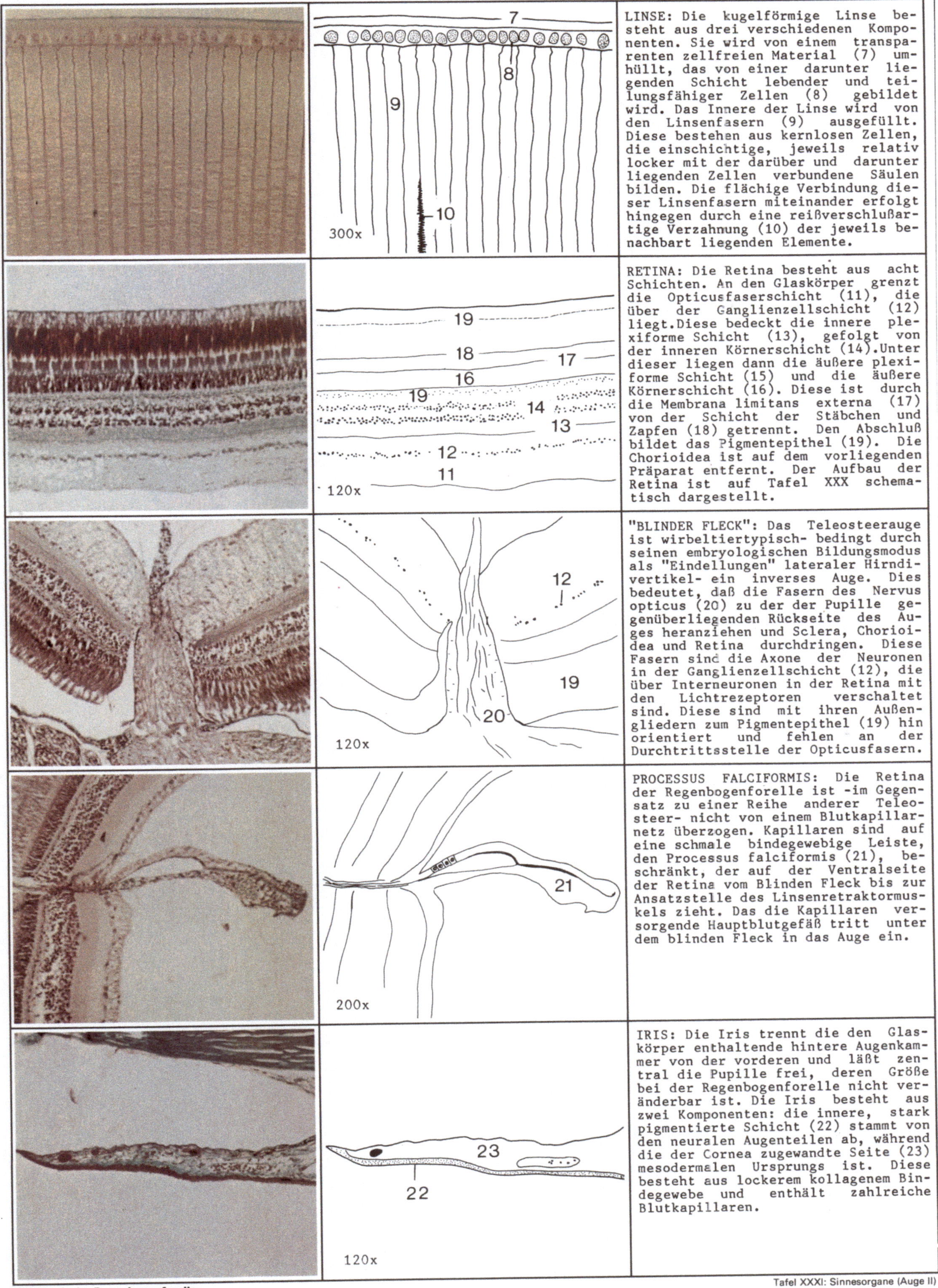

LINSE: Die kugelförmige Linse besteht aus drei verschiedenen Komponenten. Sie wird von einem transparenten zellfreien Material (7) umhüllt, das von einer darunter liegenden Schicht lebender und teilungsfähiger Zellen (8) gebildet wird. Das Innere der Linse wird von den Linsenfasern (9) ausgefüllt. Diese bestehen aus kernlosen Zellen, die einschichtige, jeweils relativ locker mit der darüber und darunter liegenden Zellen verbundene Säulen bilden. Die flächige Verbindung dieser Linsenfasern miteinander erfolgt hingegen durch eine reißverschlußartige Verzahnung (10) der jeweils benachbart liegenden Elemente.

RETINA: Die Retina besteht aus acht Schichten. An den Glaskörper grenzt die Opticusfaserschicht (11), die über der Ganglienzellschicht (12) liegt.Diese bedeckt die innere plexiforme Schicht (13), gefolgt von der inneren Körnerschicht (14).Unter dieser liegen dann die äußere plexiforme Schicht (15) und die äußere Körnerschicht (16). Diese ist durch die Membrana limitans externa (17) von der Schicht der Stäbchen und Zapfen (18) getrennt. Den Abschluß bildet das Pigmentepithel (19). Die Chorioidea ist auf dem vorliegenden Präparat entfernt. Der Aufbau der Retina ist auf Tafel XXX schematisch dargestellt.

"BLINDER FLECK": Das Teleosteerauge ist wirbeltiertypisch- bedingt durch seinen embryologischen Bildungsmodus als "Eindellungen" lateraler Hirndivertikel- ein inverses Auge. Dies bedeutet, daß die Fasern des Nervus opticus (20) zu der der Pupille gegenüberliegenden Rückseite des Auges heranziehen und Sclera, Chorioidea und Retina durchdringen. Diese Fasern sind die Axone der Neuronen in der Ganglienzellschicht (12), die über Interneuronen in der Retina mit den Lichtrezeptoren verschaltet sind. Diese sind mit ihren Außengliedern zum Pigmentepithel (19) hin orientiert und fehlen an der Durchtrittsstelle der Opticusfasern.

PROCESSUS FALCIFORMIS: Die Retina der Regenbogenforelle ist -im Gegensatz zu einer Reihe anderer Teleosteer- nicht von einem Blutkapillarnetz überzogen. Kapillaren sind auf eine schmale bindegewebige Leiste, den Processus falciformis (21), beschränkt, der auf der Ventralseite der Retina vom Blinden Fleck bis zur Ansatzstelle des Linsenretraktormuskels zieht. Das die Kapillaren versorgende Hauptblutgefäß tritt unter dem blinden Fleck in das Auge ein.

IRIS: Die Iris trennt die den Glaskörper enthaltende hintere Augenkammer von der vorderen und läßt zentral die Pupille frei, deren Größe bei der Regenbogenforelle nicht veränderbar ist. Die Iris besteht aus zwei Komponenten: die innere, stark pigmentierte Schicht (22) stammt von den neuralen Augenteilen ab, während die der Cornea zugewandte Seite (23) mesodermalen Ursprungs ist. Diese besteht aus lockerem kollagenem Bindegewebe und enthält zahlreiche Blutkapillaren.

Histologie der Regenbogenforelle

Tafel XXXI: Sinnesorgane (Auge II)

HERZ–KREISLAUFSYSTEM

Das Kreislaufystem der Regenbogenforelle ist, wie bei allen Wirbeltieren, geschlossen. Es besteht aus einem rostroventral liegenden Herzen, das sauerstoffarmes Blut aus einer Hauptkammer über einen Bulbus und Truncus arteriosus in die Kiemenarterien und deren respiratorische Kapillarnetze treibt. An diese schließen sich die Epibranchialgefäße an, in denen nun sauerstoffreiches Blut über die Aortenwurzeln (Radices aortae) zur unpaaren Aorta descendens (A. dorsalis) fließt. Diese verläuft ventrad der Wirbelsäule. Von der A. descendens zweigen Arterien und Arteriolen zu den inneren Organen ab, wo sie in Kapillarnetze einmünden. Wichtige Gefäße dieser Art sind die Arteria mesenterica, die den Verdauungstrakt und die Schwimmblase versorgt, die Nierenarterien und die A. iliaca, die in den caudalen Rumpfbereich zieht (z.B. Bauchflossen). Aus den Kapillarnetzen der Organe entspringen Venolen, die sich zu Venen vereinigen, die das Blut über den Sinus venosus zur Vorkammer des Herzens (Atrium) zurückführen. Wichtige Venen sind die Vena caudalis, Venae cardinales anterior und posterior sowie die V. hepatica. Bei den Salmoniden bleibt die V. caudalis -im Gegensatz zu vielen anderen Teleosteern- unpaar. Sie vereinigt sich mit der rechten V. cardinalis und führt das Blut direkt zum Herzen. Die Nieren erhalten ihren Blutzufluß lediglich aus den Segmentalvenen. Die linke V. cardinalis ist sehr kurz und auf den cranialen Nierenteil beschränkt. In den Nieren befindet sich ein Pfortadersystem (venöses Kapillarnetz). Das gleiche ist in der Leber der Fall. Die V. portae hepatica führt vom Darm zur Leber, wo sie sich in dieses Leberpfortadersystem aufzweigt. Der Abfluß zum Herzen erfolgt über die bereits erwähnte V. hepatica. (S. dazu auch Abb. 14 im Textteil).

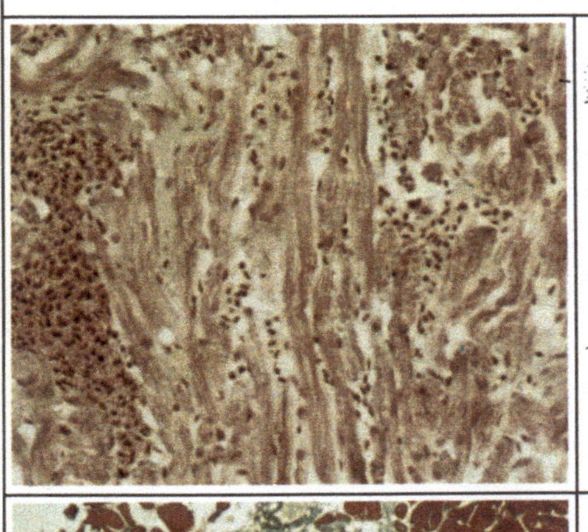

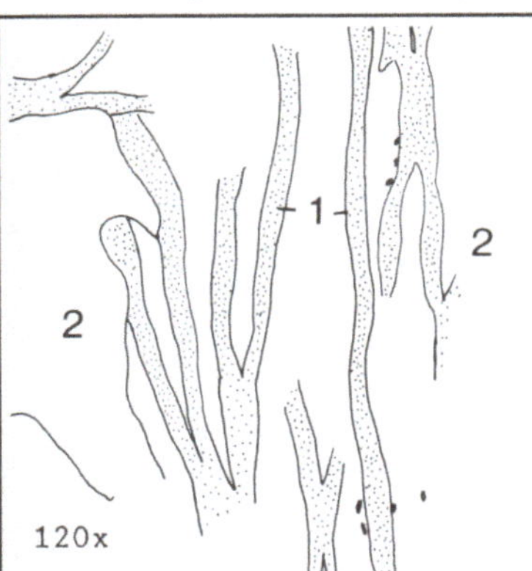

HERZ: Die Wand aller Teile des Herzens besteht aus drei Schichten. Die äußere Bedeckung bildet das Pericard. Darauf folgt das muskulöse Myocard, das in der Wand der Hauptkammer extrem stark ausgebildet ist und dort aus einer äußeren Pars corticalis und einer inneren Pars spongiosa besteht. Letzte enthält lockere Verbände von -im Vergleich zu höheren Vertebraten- relativ kleinen Herzmuskelzellen (1), deren Zwischenräume mit Blut (2) gefüllt sind. Die innere Auskleidung des Herzens ist das Endocard, das aus einer dünnen basalen Bindegewebsschicht und einem darüberliegenden Endothel besteht.

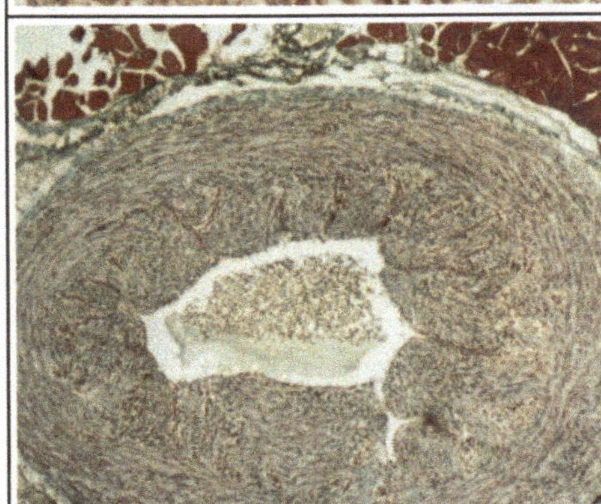

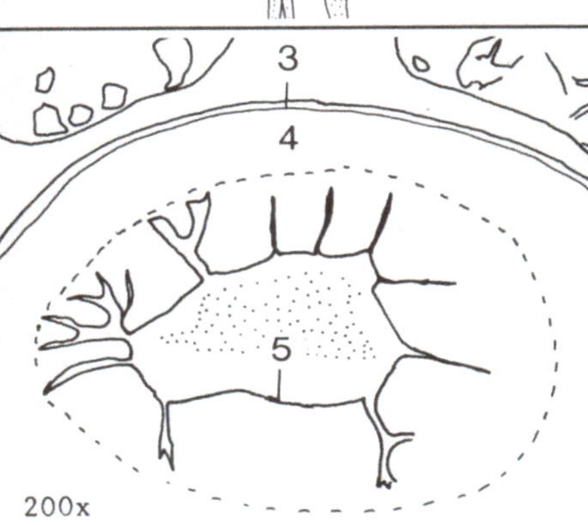

BULBUS ARTERIOSUS: Der Bulbus arteriosus ist ein Teil des arteriellen Blutgefäßsystems und enthält keine Herzmuskelzellen. Er ist von einer bindegewebigen Tunica externa (3) umgeben und besitzt eine stark entwickelte Wand (4), die aus glatten Muskelzellen und elastischem sowie kollagenem Bindegewebe besteht. Die innere Auskleidung bildet ein Endothel (5).

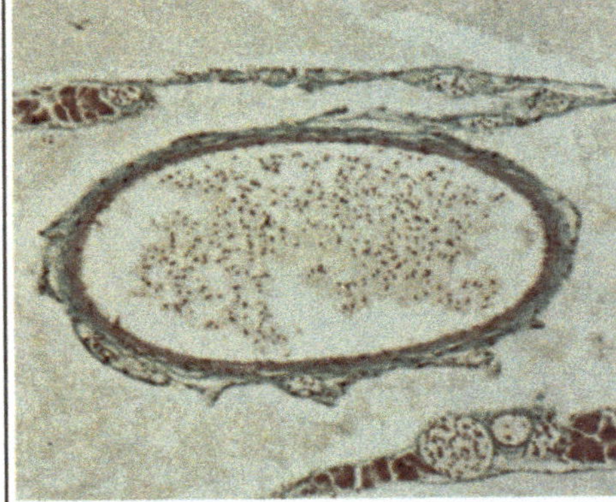

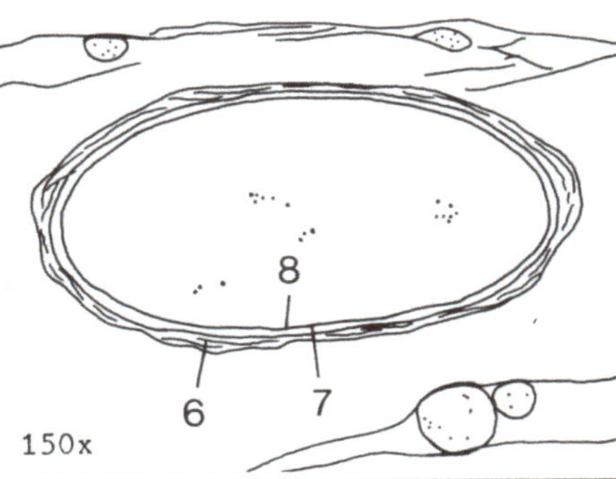

ARTERIE: Die Arterien sind bei den Teleosteern allgemein weniger differenziert aufgebaut als die der phylogenetisch höher stehenden Wirbeltiere. Dies betrifft vorwiegend die Wandmuskulatur, die relativ schwach ausgeprägt ist. Eine bindegewebige vaskularisierte Adventitia (6) umhüllt eine dünne Tunica media (7), die vorwiegend aus zirkulär verlaufenden glatten Muskelzellen und elastischen Fasern besteht. Die innere Schicht, die Tunica intima (8), ist nur schwer differenzierbar und besteht aus dem das Gefäß auskleidenden Endothel, unter dem kollagene und elastische Bindegewebsfasern liegen.

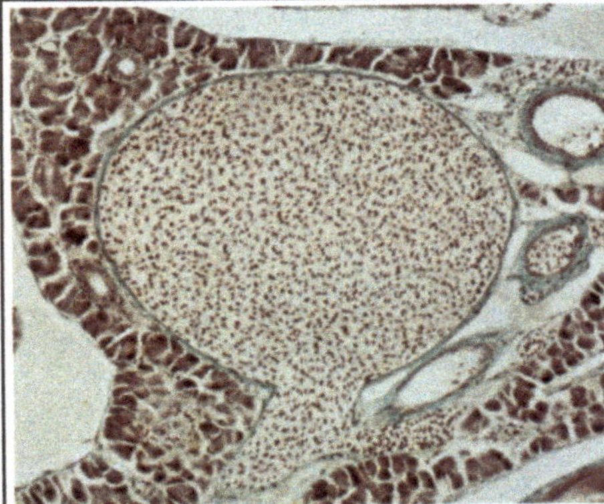

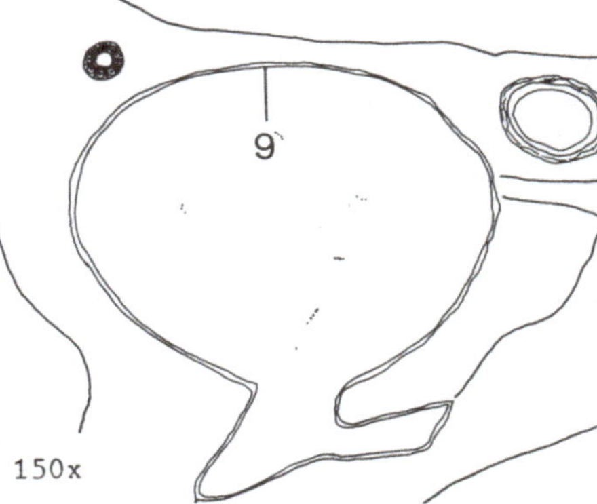

VENE: Die Wand der Vene (9) ist erheblich dünner als die der Arterie. Sie besteht grundsätzlich auch aus den drei bei der Arterie genannten Schichten, doch ist die Tunica media wesentlich dünner, da sie nur wenig Muskulatur und elastische Fasern enthält. Die beschriebenen Schichten sind bei der Regenbogenforelle mit dem Lichtmikroskop nur sehr selten differenzierbar.